「ラグーンのハンティング」
ヴィットーレ・カルパッチョ作
ゲティ美術館、アメリカ

「コルティジャーネ」
ヴィットーレ・カルパッチョ作
コッレール美術館、イタリア

JN263438

モザイクに隠れたある有名な絵画

8×8

10×10

15×15

80×80

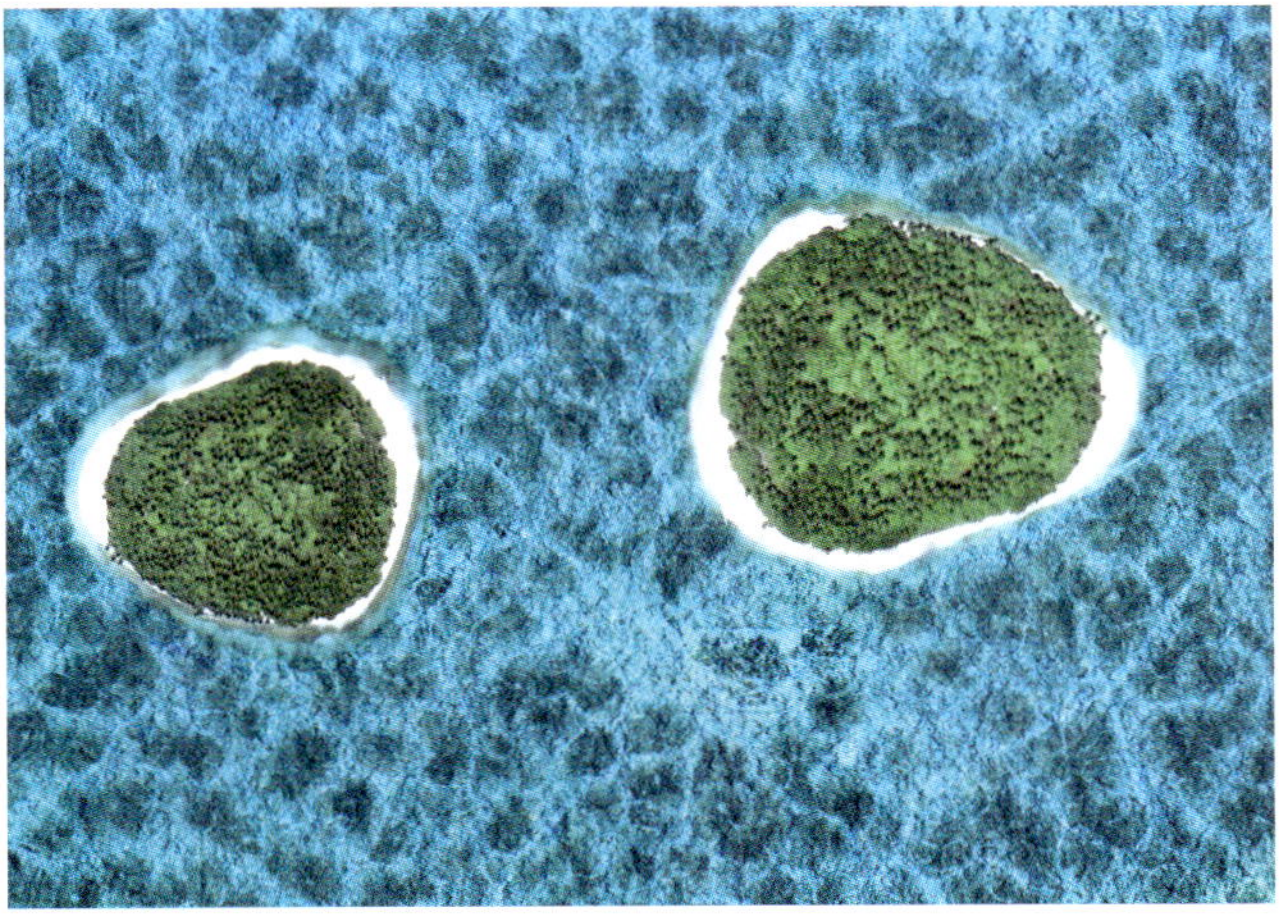

世界最小の島、ランゲルハンス島

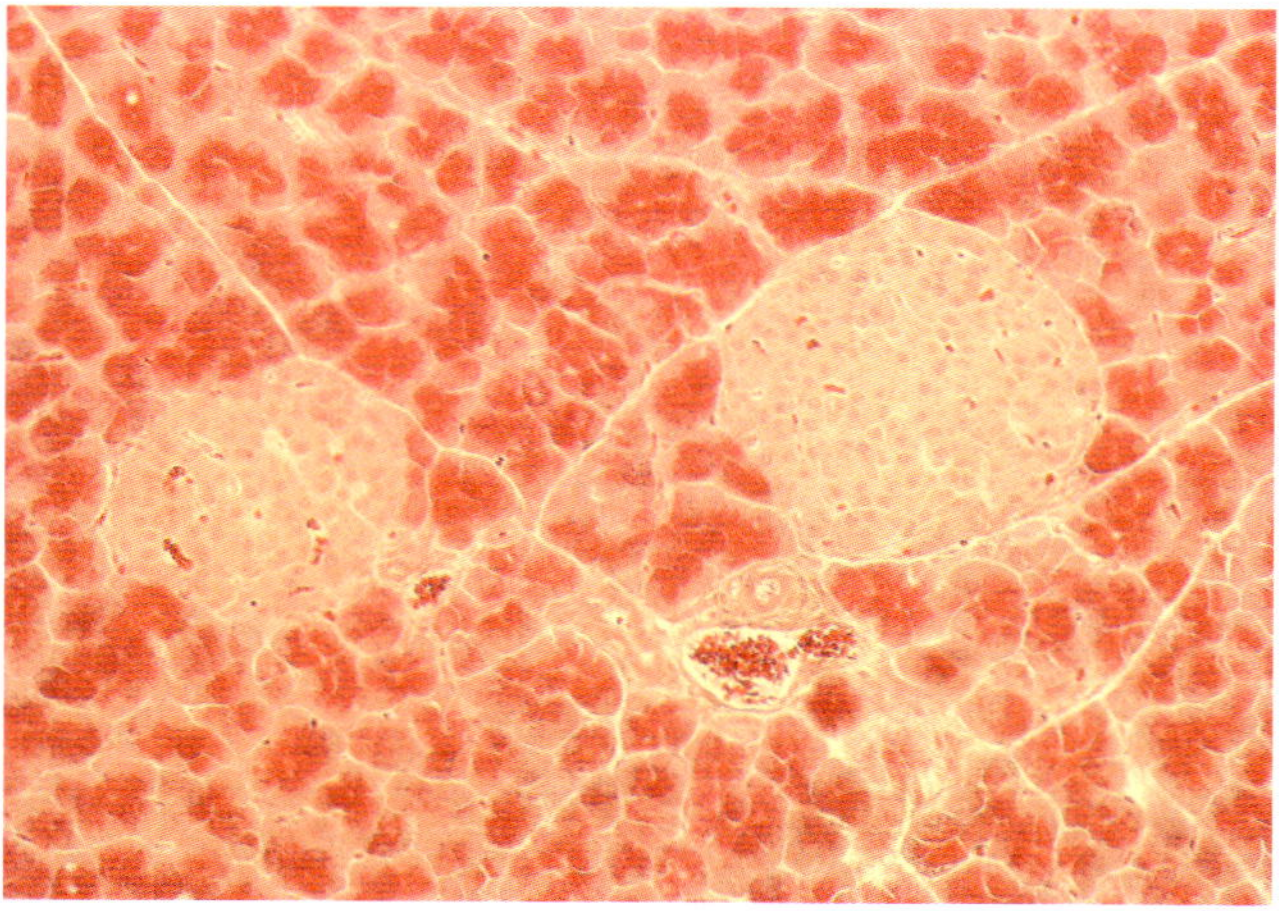

膵臓にある本物のランゲルハンス島（撮影：筆者）
前頁の画像はこれを加工処理したもの

ＮＡＳＡの探査衛星が捉えた火星の表面
じっと眺めていると何かが浮かび上がってくる

マッハ・バンドの錯視。そこにないはずの、縦方向の線が見える

世界は分けてもわからない

福岡伸一

講談社現代新書

2000

目次

プロローグ　パドヴァ、二〇〇二年六月

しかし、預言はすたれ、異言はやみ、知識はすたれるだろう。なぜなら、わたしたちの知るところは一部分であり、預言するところも一部分にすぎない。全きものが来る時には、部分的なものはすたれる。
（『コリント人への第一の手紙』）

どんなささいなことがらについてでも、それを愛し、そのことについて調べたり、試したりしている一群の人々が必ずいる。そのような人々は通常、地球上の各地に散在してそれぞれ日々の暮らしを送ってはいるのだが、やはりそのことについてのこまごました情報やささやかな発見を、ときに交換したりひかえめに自慢したくなるものである。そこで人々は、ウェブが発達するずっと以前から、様々な方法（グレイプヴァイン）によってお互いの存在を知り、定期的に集うことを約束しあった。人々は、そのことが好きで、ずっと好きであり続け、そして小さな縦穴を深く掘り続けている、という点だけを共有している。

トリプトファン。私が好きなものの名称である。私はこの響きと、五角形と六角形が合わさったその姿が好きだ。トリプトファンを愛し、トリプトファンについて調べたり、試したりしている人々が、地球上に一体どのくらい存在しているのか、その正確な数を私は知らない。しかし、三年に一回開催される「国際トリプトファン研究会」に集まってくる人々の数を見れば、いずれにせよそれほど大きなポピュレーションではないことが知れる。参加者は毎回、特段に増えもせずかといって激減もしない。せいぜいが数十人といったところである。

イタリア北東部の街パドヴァへ向かう路線バスの中に私は揺られていた。車内はそれほど混んではいなかったが、そこここに乗っている客は身なり、年齢、人種、皆雑多で、東洋人は私だけのようだった。

六月。車窓の外には畑が広がり、豆の一種であろうか、名を知らない作物が青々と育っていた。初夏の風がその丸い葉を一斉にひるがえし、ひるがえった葉裏の波が繰り返し繰り返し遠くへと運ばれていった。

通路の向かい側の席には小柄な女性が座っていた。国も歳も見当はつかないが、それほど若くはない。旅行者風のリュックサックを足元に置き、分厚い本を読んでいた。時々、向こう側の窓に目をやると、ずっと読書に集中している彼女が視界に入る。ページを繰る瞬間、背表紙がちらりとみえた。Hannah Arendt　私は彼女の横顔をそっと盗み見た。彼女もまた、私とは全く別の、小さな縦穴をずっと掘り続けているのだろうか。人々のそのような行為は、いつか別々に地下の水脈に到達し、暗い場所を流れる水はしかし互いに通い合っているような、そんなことは果たして起こることがあるだろうか。

私は自分の手元に視線を戻し、開いたメモ帳の上でこれからの旅程を考えた。国際トリプトファン研究会のプログラムはいつも大体同じである。集合の日の夜にレセプション・パーティ。参加者は久しぶりに再会する知人とワインを酌み交わす。次の日からプレゼンテーション。各人二十分ほどの持ち時間で自分の研究成果を報告し、質疑応答を行う。二日目か三日目の夜に夕食会。四日目の午前中でセッションは終わり散会。研究会最大の意義は、久闊（きゅうかつ）を叙（じょ）すということであり、研究会最大の関心は、次の会をどの都市で持つかということである。セッション会場に朝から夕まで詰めて、皆の発表をもれなく聞く勉強家もいれば、自分の発表さえ終えればあとは所在不明になる不届き者もいる。みな自由にふるまい、誰も他人を気にしない。

今回、私は最初から後者になることを決めていた。幸い、私のプログラム順は最初の方にあり、そこでの発表さえ終われば所定の義務は果たしたことになる。近しい知人にだけ、このあと、自分はhooky（抜け出す）するから、またね元気で、といいおいて会場から姿をくらます。hookyは、米国で生活していたとき拾った便利なスラングのひとつだった。

この研究会の開催地が決まった直後から思っていた場所があった。パドヴァまで行くのなら必ず足を延ばしてそこまで行こうと。そこに、この目で直に見てみたいものが存在している。気がつくとバスは、小さなしかし賑やかなパドヴァのターミナルに到着していた。乗客は皆降りる仕度をはじめた。

最も稀少な必須アミノ酸

昔読んだシャーロック・ホームズの中にこんな話があった。小さな、踊る人形の絵が横にずらずらと並んでいる。その姿は多種多様。しかしよく見ると中には同じ動作の絵もあり、違う絵もある。明らかに何らかの暗号だ。困惑するワトソンを横に、ホームズはたちどころにその規則性を解明してみせる。

「英語のアルファベットで一番頻度が高く使われる文字を知っているかい。Eだよ」

ホームズは、一番たくさん出現する人形にEをあて、そのあとも文頭・文末に来やすい文字などいくつかの法則を使ってするすると暗号を解読する。私は感嘆した。(が、それ以外のストーリーはよく思い出せない。今から思うと、誰が何のためにこんなヘンテコな、しかも単にアルファベットを置換しただけの単純すぎる暗号を使ったのだったか?)

アルファベット26文字よりもやや少ないけれど、私たち生物の細胞の中に存在するタンパク質もまた踊る人形の暗号のごとく、20種類のアミノ酸の連鎖によって構成される。タンパク質を塩酸のような強い酸に溶かして熱を長時間加えると、アミノ酸とアミノ酸をつないでいる連鎖が切れ、タンパク質はバラバラのアミノ酸の混合液になる。20種類のアミノ酸はそれぞれ化学的性質が異なるので、それを分別分析するとタンパク質のアミノ酸組成を知ることができる。

「タンパク質を構成しているアミノ酸で一番頻度が高く使われるものを知っているかい」

ホームズからこう問われたら、ワトソンは次のように切り返すかもしれない。タンパク質は多種多様なのだから、それはタンパク質の種類によって異なるのではないかな、と。

意外に聞こえるかもしれないけれどそうでもないんだ、ワトソン君。動物性のものであれ、植物性のものであれ――それはアミノ酸が１００程度しか連鎖していない小型のものから、数千個が連なっている巨大なものまで存在しているのであるが――、タンパク質であればそこに含まれているアミノ酸の中で一番多いものはほぼ決まっているといっていい。Eだよ。

国際的な取り決めによって、20種類のアミノ酸には、それを表す一文字のアルファベットがそれぞれあてがわれている。アラニンにA、アスパラギンにN、チロシンにY、ロイシンにL、イソロイシンにIといった具合に。そしてEはグルタミン酸である。奇しくも、ホームズの踊る人形Eと同じく、グルタミン酸はたいていのタンパク質の中に最も多く含まれるアミノ酸である。それゆえタンパク質あるところにグルタミン酸があり、グルタミン酸あるところにタンパク質がある。私たち生物の多くが、グルタミン酸を〝うまみ〟として感じる。それはグルタミン酸の味を、タンパク質のありかを探る手がかりとして使ってきたからだとも考えうる。

さてここで私は逆の質問をしてみたい。

では、ホームズ君、英語のアルファベットで一番頻度が低く使われる文字を知っているかい。いや失敬、実は私も正確には知らないんだ。単語の頭文字としてなら辞書の見出し語のページが一番少ないxかもしれないね。xylophone（シロホン）とかせいぜいxeroxくらいしか思いつかないから。でも次の質問なら私は正確に答えることができるんだ。

「タンパク質を構成しているアミノ酸で一番頻度が低く使われるものを知っているかい」

トリプトファンである。一文字表記は、Tがすでにトレオニンに取られてしまっているのでWがあてがわれている。Wは、私が好きな五角形と六角形が合わさったトリプトファンの形を遠くから見たもの、というのだけれどそれはこじつけだと思う。でもWで文句はない。風格がある。トリプトファン。略称W。

トリプトファンのゆくえ

照明が落とされると私はおもむろに話し始めた。

――では、最初のスライドをご覧ください。

ネットで、「トリプトファン（tryptophan）」を検索してみると、ここ国際トリプトファン研究会のささやかな参加者数に比べ、おびただしい数のエントリーがあることがわかります。常時、数百万件はあるでしょう。しかし周知のとおり、この大半は健康食品の販売あるいはその関連サイトです。トリプトファンは現在、サプリメントの一種として大量に流通しています。その効能は薬事法の規制に抵触しないよう、明記されてはいませんが、睡眠導入、安眠効果、時差ぼけ予防もしくはその回復、抗うつ効果などいろいろな作用が「示唆」されています。

これは、この会場におられる方は皆ご存知のとおり、トリプトファンが脳内で代謝されるとセロトニンとメラトニンに変化することだけをよりどころに、非論理的に誘導される一種の似非(えせ)科学です。確かにトリプトファンは、我々が自分で作り出すことのできないアミノ酸であり、食べ物から摂取しなければならない九つの必須アミノ酸の一つです。そして確かにトリプトファンは、私たちの覚醒―睡眠サイクルと共に変動しているメラトニンの原料であり、うつ状態と関連していると考えられるセロトニンの原料でもある重要物質です。

しかしながら、極端な偏食や低栄養状態でない限りトリプトファンの不足や欠乏が起こる危険性はありません。また摂取されたトリプトファンのうちセロトニンやメラトニンへと変換される割合は数%以下であり、トリプトファンの摂取不足からセロトニンやメラトニンの不足や変動が起きて、それが睡眠障害やうつ状態を作り出すことも考え得ないのです。今日、トリプトファン欠乏による栄養障害の症例が医療機関において見出されることはまずありません。それは、他の多くのビタミン欠乏症状がほとんど現実には起こり得ないのと同様です。ですから仮に、睡眠障害やうつ症状があったとしても、それは単純なトリプトファンの摂取不足に由来するものではなく、当然のことながら、トリプトファンをいくら補給（サプリメント）しても改善効果は見込めないのです。

それにもかかわらず、かくも大量のトリプトファンの錠剤が売り買いされているのは一体なぜでしょうか。それはトリプトファンがタンパク質に含まれるアミノ酸の中で最も稀少な必須アミノ酸だという事実があるからです。この稀少性が、私たちにある種の強迫観念をもた

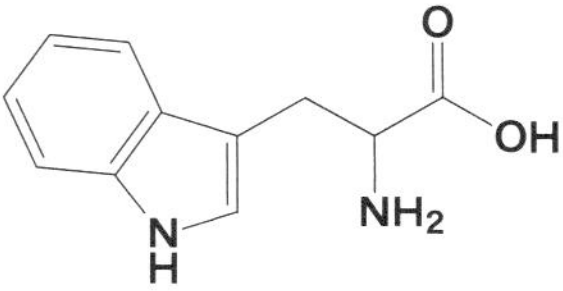

トリプトファン

らしているのです。不足への恐怖です。私の身体が、あるいは私の精神が不調なのは、何かが不足しているからかもしれない……この強迫観念から逃れんがための反動として、私たちは時として、不必要な物質の大量摂取を無自覚に行ってしまうのです。

全く同じことは、トリプトファンと極めて近い関係にあるもう一つの稀少なアミノ酸、チロシンについてもいえます。

チロシンは、トリプトファンと同じグループ、すなわち芳香族アミノ酸に属し、脳内ではドーパミン、アドレナリン、ノルアドレナリンなど重要な神経伝達物質の原料となります。ケシの中ではモルヒネを作り出すための材料にさえなっています。それゆえ、チロシンは、目覚まし効果、集中力を高める、抗うつ作用がある、等々の触れ込みでサプリメント化されています。

しかし、トリプトファンと全く同様、サプリメントとしてチロシンを摂取しても、このような直接効果はない。摂取量にかかわらず脳内の代謝はいつもほぼ一定に保たれているからです。それはここにいる私たちだけでなく、科学者に共通の合意でしょう。

むしろチロシンの重要性は、タンパク質のアミノ酸配列に組み込まれている時に発揮されるといえます。チロシンのリン酸化反応です。チロシンにリン酸が付加されること、そしてそのことによってタンパク質自体の機能がスイッチ・オンあるいはオフされる仕組み

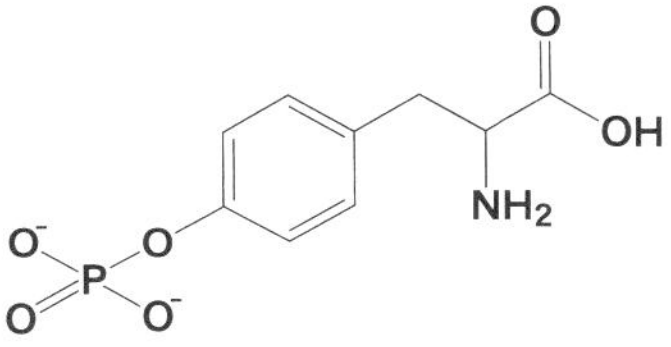

リン酸化チロシン

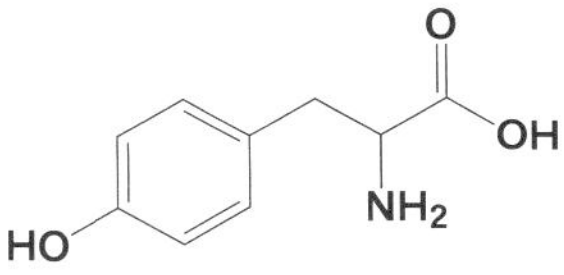

チロシン

です。チロシンのリン酸化が多段階、連鎖的に進行すること、いわゆるタンパク質のリン酸化カスケードについて私は少なからず興味を抱いてきました。カスケードの分子的な機構そのものだけでなく、カスケードをめぐる発見の歴史、そして人間の認識の変遷についてです。そのことについてはまた語るべき時があるでしょう。

前置きが長くなりすぎました。私の言いたいことは、世界のどこにでもある諺（ことわざ）——東洋では、過ぎたるは及ばざるが如し、といいますが——、これが分子のレベルでも成り立つということです。

この図をご覧ください。脳内に取り込まれたトリプトファンは代謝されてセロトニンやメラトニンになるだけではありません。もう一つ別の経路があります。むしろ代謝の総量としてはこちらの経路のほうが主流ともいえます。この経路に流れ込んだトリプトファンは何段階かのステップをたどりながら変化を遂げていきます。

そしてここに至ります。——

私は、レーザーポインターの赤いスポットを図中のその場所に照射した。

——キノリン酸です。キノリン酸は非常に強力な神経細胞毒です。

脳のなかのバリアー

昔、グルタミン酸を食べると頭がよくなると言われたことがあった。より正確に言えば、グルタミン酸を水に溶けやすくするためナトリウムイオンとの塩(えん)にした化学調味料、グルタミン酸ソーダを食べると、という話である。これを聞いた記憶がある人は私同様、かなりの年齢層以上の人々である。もちろんウソである。脳の中で、神経と神経がコミュニケーションをとる際、信号物質をやりとりする。この物質のひとつにグルタミン酸がある。だから、グルタミン酸をたくさん補給すれば神経回路の伝達効率がよくなるはずだ、というナイーブすぎる作り話なのである。

グルタミン酸は食べると吸収され、血液中をぐるぐる回って全身を巡る。しかし脳の中には直接入っていかない。脳の中を通る血管の壁には特殊なバリアーが張ってあり、血液中の物質、特にグルタミン酸のようなありふれたものが簡単に脳内に入り込まないようになっている。脳内で必要なグルタミン酸は、脳内で合成される。グルタミン酸は非必須アミノ酸なので、必要とあればどんな細胞でも他の材料からすぐに作ることができる。それゆえ、いくらグルタミン酸ソーダをばかすか食べたとしても、脳内のグルタミン酸濃度を上昇させることはできないのである。

では、もし仮に実験的に、脳内に直接、グルタミン酸を注入して、人為的にその濃度を高めてやれば神経回路網の伝達効率が上昇して頭がよくなるだろうか？　これも否である。むしろ重大な障害が発生し、場合によっては脳細胞は死滅するだろう。

神経と神経のコミュニケーションは信号物質のやりとりによって成り立つ。「やり」のほうは、グルタミン酸の放出である。そして「とり」のほうはレセプターによってグルタミン酸を受け取ることである。このやりとりは局所的に、ある特別な時に行われるがゆえに、脳の中に特殊な回路が通じるのである。そのために、普段は神経と神経のあいだに、グルタミン酸はほとんど存在せず、放出される量もごくわずか、ほんの一瞬のことで、その信号を特異的なものとするために、レセプターに受容されたグルタミン酸も、されなかったグルタミン酸もすぐに消去される。

そんなところへ高濃度のグルタミン酸がどかっとやってきたら？　レセプターは過剰量のグルタミン酸と結合し、信号の強度は振り切れるだろう。消去の機構も対応しきれず信号はいつまでも鳴り止まない。そのような状況にさらされると、脆弱な神経細胞はたちまち死滅しはじめる。
だからこそ脳は外部から不用意にグルタミン酸が侵入してこないように血管にバリアーを張り、内部でのやりとりも必要最小限のごく微量に抑えているのである。

毒を無毒化する仕事人

さて、ここからが大事なポイントになる。グルタミン酸の形とキノリン酸の形をよく見比べてほしい。化学の専門家は、この二つを似ている、とみなす。それは彼らに特別な着眼点があるからだ。－COOHで表される官能基の付き具合を見て、似ているというのである。

官能基。なかなかよい響きである。グルタミン酸もキノリン酸も、二つの官能基が同じ方向に同じくらいの間隔で突き出している。神経細胞の表面にはグルタミン酸を受け取るレセプターがあり、そのレセプターは特別な着眼点を持って、グルタミン酸をグルタミン酸と認識しそのシグナルを受け取る。レセプターの着眼点もまた、同じ間隔、同じ方向に突き出した二つの官能基である。ならば、神経細胞のグルタミン酸レセプターは、キノリン酸を間違ってシグナルと見なしてしまう危険性があるのではないだろうか。あるのだ。キノリン酸は確かに、グルタミン酸レセプターに結合する。

もうひとつ不運な問題点がある。脳のバリアーは血液中のグルタミン酸の侵入を拒む。グルタミン酸に似たキノリン酸も、もしそれが血液中を流れているのであれば、その侵入を拒む。しかし、脳のバリアーは血液中を流れるトリプトファンの侵入を拒むことができない。なぜならトリプトファンは重要な脳内物質セロトニンとメラトニンの原料であり、トリプトファンを外部から取り入れること以外にこれら脳内物質を作り出す術がない、つまりトリプトファンは、神経細胞が自ら作り出すことのできない必須アミノ酸だから受け入れざるを得ないのである。

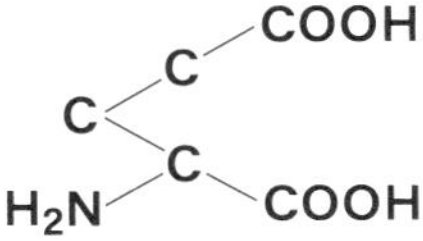

グルタミン酸

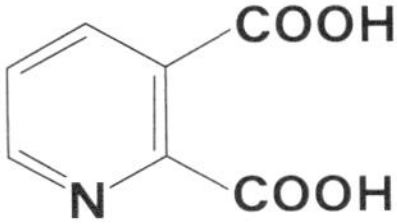

キノリン酸

　それゆえにもし、トリプトファンを不用意に大量摂取したとすれば？それは吸収され血中を巡り、バリアーをフリーパスして脳内に流れ込み、順次代謝されてキノリン酸となるだろう。そのキノリン酸は無作為にグルタミン酸レセプターと結合し、その二つの官能基によって、神経細胞を過剰に興奮させてしまうことがあるかもしれない。

　むろん脳は、こんな危険な細胞毒を何も好き好んで作り出しているわけではない。トリプトファンを変化させていって、最終的にナイアシンというビタミンの一種を合成したいのである。キノリン酸はその経路の途中に発生する不可避的な中間産物なのだ。それゆえ脳はキノリン酸の取り扱いにことさら慎重である。危険なキノリン酸をできるだけすばやく無害な、次の物質に変換してこの代謝経路を進めたい。どうしても通らねばならない危うく狭い橋ならば、できるだけすばやく渡りおえてしまいたい。そういう感じである。

そこで神経細胞はここに特別の仕事人を用意した。神経細胞毒であるキノリン酸が作られたならば、作られたしりからただちに、可能なかぎり機敏に、無毒な物質に変換する仕組み。その仕事人の名を、キノリン酸ホスホリボシルトランスフェラーゼという。細胞の中で物質を変換する化学反応はすべて「酵素」というものによって進められる。ある特別な化学反応には、ある特別な酵素が関わっている。タンパク質の分解にはタンパク質分解酵素が、タンパク質のリン酸化にはタンパク質リン酸化酵素が。1000の変換反応があれば、それに対応した1000の酵素が参画している。この長々とした名前は、キノリン酸を解毒する酵素につけられた名称なのである。

キノリン酸ホスホリボシルトランスフェラーゼの働きによって、神経細胞毒キノリン酸はただちに無害な物質に変換されてしまう。だから神経細胞がキノリン酸にさらされる危険性は回避される。すくなくともこの酵素が常駐し、いつも懸命に仕事をしてくれているかぎりは。

しかし、もしこの酵素の仕事ぶりに能率低下の兆しが見えたり、あるいは酵素自体の供給が滞ったりしたら？　そのときはキノリン酸の解毒が効率よく進まず、その結果、脳内のキノリン酸の濃度が増すだろう。それが危険な閾値（いきち）を超えたら？　キノリン酸は、グルタミン酸レセプターに結合し、過剰な信号を送ることになり、脳細胞がダメージを受ける可能性がある。

酵素とは何か

そもそも酵素とは何者で、どこからやってくるのだろうか。酵素の正体は、タンパク質であり、細胞が、20種のアミノ酸を特別な配列順に連結して作り出す。つながれたアミノ酸の鎖は自動的に折りたたまれて特別な立体構造を持ち、それが酵素となる。

キノリン酸ホスホリボシルトランスフェラーゼは、その立体構造のくぼみにキノリン酸を捉え、無害な物質に変換してしまう。酵素自体は、このように反応を触媒しながら、時に傷つき、酸化され、あるいは分解されてその機能を失う。一方で、酵素は次々と合成されてくる。つまり酵素というタンパク質は、分解と合成の絶え間のない動的平衡状態のさなかにある。

このバランスが乱れたとき、酵素の仕事ぶりは危ういものとなる。特に合成側に何らかの問題が生じたとき、供給量がおぼつかなくなる。酵素の働きを特徴づける特別なアミノ酸配列を決めているのがＤＮＡである。キノリン酸ホスホリボシルトランスフェラーゼのアミノ酸配列は、キノリン酸ホスホリボシルトランスフェラーゼのＤＮＡに記録されている。細胞はこの記録を参照しながら、アミノ酸を紡いでいく。だからもしＤＮＡのこの場所が何らかの損傷を受ければ、それはこの酵素の損傷にダイレクトにつながる。

＊

私の発表は、終盤にさしかかっていた。与えられた持ち時間は終わろうとしていた。私は早口になった。ただでさえ聞き取りにくい東洋人のつたない英語はおそらくますますわかりにくいものになっていただろう。

——これほど重要なキノリン酸ホスホリボシルトランスフェラーゼについて、全く奇妙なことに、私たちはほとんど何も知らないのです。酵素自体は、今から数十年も前に、その存在が日本人の手によって予言されていました。たとえば、細胞の抽出液にキノリン酸を混ぜると、キノリン酸はただちに無害な物質に変換されます。だから、細胞の中にキノリン酸の解毒酵素が含まれているのです。

問題の核心は、この酵素がどのようなDNAから、どのようなタイミングで合成されるかを知ることです。またそのプロセスが乱れてしまうような病気や栄養条件があるかどうか調べることが重要な課題となるはずです。

つまり私の研究のゴールは、キノリン酸ホスホリボシルトランスフェラーゼの正体を明らかにすることです。——

発表を終えた私はノートや書類を慌ただしくナップザックにしまうと逃げるように会場を後にした。もっといろいろ質問をしたい研究仲間もいたことだろう。しかしその場に留まっても、どの道、何も答えることはできなかった。私が述べたことはほとんどがこれからのはかない希望であって、手持ちのカードには何も書かれてはいないのだ。研究者の希望は、毎朝生まれて、夜毎に消える。

荷物を肩にパドヴァの街を小走りに横切ってバスターミナルに着くと、私はバスの正面に回って行き先を確かめた。

Venezia

私にとって今回の旅のゴールはもう一ヵ所、別に存在していた。

第1章　ランゲルハンス島、一八六九年二月

目を閉じると、柔らかな砂地を撫でるように流れていく川の水音が聞こえた。まるで春の渦の中心に呑みこまれたような四月の昼下がりに、もう一度走って生物の教室に戻ることなんてできやしない。1961年の春の温かい闇の中で、僕はそっと手をのばしてランゲルハンス島の岸辺に触れた。

（村上春樹『ランゲルハンス島の午後』）

視線とは何か

たとえば電車に揺られながら座っていて、ふと目を上げると向かいの誰かがこちらを見ている視線とぶつかった、という経験はよくある。逆に、向かいの他人を見つめていると急に顔を上げてにらみ返され、思わず視線をそらせることも。あるいは、クルマを運転していて赤信号で止まり、待っている間に横を向くと隣のクルマの人と目が合うといったこともある。私たちは、しばしば、自ら視線を投げかけ、そして他人の視線を受け止めている。どこかから密かに見つめられているとき、私たちはその気配をすばやく感受できる。

誰もが経験的に知っているこの不思議な知覚について、意外なことに生物学は未だ何の説明もできていない。視線とはいったい何か。それはどのように捉えられるのか。

物が見えるということは眼の中に小さな火が燃えていて、その光が見るものに対して発せられているからだ。古代インドやギリシャで哲学者たちはこう議論していたという。眼から出る光線が視線の正体であれば、それが当たるから感知できると考えることはわかりやすい。しかし、私たちは暗闇でものを見ることができない。つまり、眼の中から光が出ていくのではなく、やはり光は外からやってくる。古代インドやギリシャの説は、まもなく捨て去られた。が、視線を感じる、その視線とは何かという謎はそのまま謎として残った。

ハーバード大学の文化人類学者テオドル・ベスターが十七年以上の歳月をかけて調査した膨大な記録『築地』を翻訳するにあたって、あるとき私は魚市場を散策していた。店頭に大きなマグロが横たわっていた。メバチマグロと書かれた札がそばにあった。その名が示すとおり巨大な眼はまっすぐに私を凝視していた。そこにいのちはすでになかったが、黒いガラス玉のようなその眼球の底から鋭い金属質の光が放たれていた。それが私を捉えた。

後になって、魚類に代表されるいくつかの生物には、眼底の網膜の一層下部に〝反射板(タペータム)〟

と呼ばれる特殊な構造体が備わっていることを知った。反射板とは一種の鏡である。光は外から眼の中に入る。レンズを通して曲げられて、眼底に曲面状に広がるフィルム、すなわち網膜に映る。網膜は光を感じる視細胞が並んだ薄い一枚のシートだ。網膜上に映った映像は視細胞に連結した視神経を通じて脳に送られる。一方、視細胞は半ば透明なので、大半の光は網膜を通過してさらに奥へ進む。ここに網膜を裏打ちするように鏡が張ってあるのだ。これが反射板である。

反射板にあたると光は文字通り跳ね返される。跳ね返された光は逆走し、もう一度、裏側から網膜に入る。つまり網膜は前と後ろから同じ映像を受け取ることになる。ここで起こっていることは、情報の倍増である。つまり、反射板とは光増幅装置なのだ。なぜこのようなものが魚に備わっているのか。おそらくそれは、光が届きにくい深い海で生息する生物が進化の途上で獲得した特別な仕掛けなのであろう。

人間の眼も光る

さてメバチマグロの視線である。反射板から跳ね返された光は、もちろんすべてが網膜で吸収されることはなく、再び眼から外へ飛び出してくる。それは見る者にとって、実にさまざまな、不思議な色と印象を与えるのだ。メバチマグロは鋭い銀色の眼光を発していた。たとえばアオメエソという魚がいる。彼らの眼は輝けるエメラルドグリーンだ。その緑は熱帯雨林の梢を舞う華麗なトリバネチョウの緑と見まがうばかりである。深海魚の多くはさまざまなタイプの反射板を眼の奥にもっており、反射板を構成する化学組成に応じた眼の光り方をする。

何億年か前、魚たちはやがて陸にあがった。彼らの眼はその後どのように進化したのだろう。そう思って見渡してみると、眼が光る生物は意外にたくさん存在することに気づかされる。フクロウやコノハズクといった夜行性の鳥類。ネコやタヌキでもクルマのライトを反射して夜道の向こうでギラリと眼を光らす。こうした生物の眼が光る仕組みは、魚類の反射板ほど特殊化されたものではないにせよ、眼底の網膜とそれを支える曲面組織が外から入ってくる光を反射していることによる。反射の方向はもちろんその眼が見ている方向、つまり視線の方向である。

私はふと気がついた。人間だって眼が光るではないか。暗がりの中でもわずかな光をするどく反射するネコの眼ほどではないけれど、ほら、赤眼になることがあるではないか。強いフラッシュを浴びたときの写真。赤眼の赤は、眼底の血管網の赤だ。カメラに付属した赤眼防止装置というものがある。撮影の直前に予備フラッシュ光を浴びると、そのまぶしさに人間の眼は瞳の絞りを閉じる。そのあと、本フラッシュの光でシャッターが切られる。すると眼の奥に届く本フラッシュの光の量がすくなくなる。だから眼底の赤が光りにくくなる。

フラッシュ光を浴びた眼が赤く反射し、それがカメラのフィルムに写るということはつまり、人間だって視線の方向に光を放つことが可能だということである。フラッシュのような強い光でなくても、ヒトの眼は外界の光を捉えて、弱いながらも光を常に反射していると考えられる。そのような反射光に対して、ことさら私たちの眼は感受性が高いのではないか。もしそうであれば、それこそがとりもなおさず〝視線〟ということになる。

夜空の星はなぜ見える？

誰かが私をそっと盗み見している。その誰かの眼には外からの光が入り、その光は彼女（としておこう）の眼底で反射され、彼女の視線の方向、つまり私のほうへまっすぐ投げかけられる。この時点ではまだ私は彼女の存在に気づいていない。しかし私の眼のふちには微弱な光が届いている。人間の眼は、どれくらいまでわずかな光を感じることができるのだろうか。

私たちが大学に入りたての頃、理科系の学生なら必ず読んでおくべき本というものがあった。それは教師が講義中にそういったのかもしれないし、誰かクラスメートが熱心に読んでいるのを見てそう思ったのかもしれない。いずれにせよ、そういう共通の了解のもとにある書物が何冊かあった。その中のひとつが『夜空の星はなぜ見える』（田中一著）だった。今、あらためて調べてみると、この本は、一九七三年出版とある。

澄んだ夜、空を見上げると数限りない星がさざめいている。ごく自然なこの事実はよく考えてみると驚くべきことなのだ。本はそう始まる。私たちの眼は六等星以下のかそけき光さえも捉えることができる。何万光年も離れた星が放った、何万年も前の光の、ほんの一部だけが地球に届く。そのうちさらにほとんどあるかないかのわずかな光のみが観察者の眼に入る。本では、丹念な計算によって、星が発し、宇宙の全方向に広がっていく光エネルギーの量（広がるにしたがって拡散するからどんどん弱くなる）、そのうち地球まで到達する量、そしてそれが眼の中に入る量、さらに網膜上に並ぶ視細胞ひとつが受け取る光の量をはじき出した。

計算の結果はたいへんなものだった。星からやってきて眼の中に入る光エネルギーの量はあまりにも小さいものとなる。小さすぎて検出することができないほどだ。理論的には、夜空の一点を凝視して少なくとも三十秒以上、「集光」しない限り星は見えない。天体写真の撮影にカメラのシャッターを開放し、長時間露光が必要となるのと同じ原理である。

しかし私たちは夜空を見上げると、どの方向にでもほぼ瞬時に星が「見える」。それはなぜだろう。

『夜空の星はなぜ見える』の著者は、ここで思考を転換する。光には二つの性質がある。波としての性質と粒子としての性質。上記の計算は、光を連続的なエネルギーの波動と考えて算出したものだ。エネルギーを一定量受け取るのに三十秒以上を要する。

しかし光を粒子として考えたら。遠き星から光の微粒子が全宇宙に放散される。そのうちごくわずかが地球にまで届き、地表に降る。そしてほんの何粒かだけが眼の中に入り、網膜をヒットする。実際に、光が粒子であるとして計算すると星から眼に届く光の粒の数は、ほんの数個から数十個に過ぎない。しかし私たちはその星が見えるのだ。つまり、私たちの眼の感度は驚くほど鋭敏なのだ。網膜細胞はほんのわずかな光粒子のヒットを受けるだけでそれを感じることができる。だから夜空の星は見える。本はそう答えを導いていた。私は深く感動した。

赤い光の粒子

いくつかの学問においては、それを職業としている専門的な学者ではなく、ただそのことが好きで、ずっと好きであり続けている普通の人々が、事実上の発見をささえている分野がある。たとえば、新種の昆虫を見つけ出すこと。たとえば、思わぬ場所からすばらしい化石を掘り出すこと。そして、彗星や超新星の出現を捉えること。学者たちはそのうわまえをはね、お墨付きを与えているだけであり、発見者の真の栄光は彼らにはない。

星を追う人は、ずっと昔、少年の私にこう教えてくれた。夜空に星を探す時は、まっすぐに星を見てはいけない。眼の端で捉えるように。直視すると見えるか見えないかの暗い星も、眼の端で見るとぐんと輝きを増すのだ。これを覚えた私は嬉しくなって何度でもやりたくなった。

これもまた私たちの眼の構造にある不思議な仕掛けによる。細かい文字を読んだり、小さなとげを抜いたりするときの解像力は網膜の中央部が高い。しかしかそけき光の感受性に関しては網膜の周縁部のほうが優れているのだ。

これで視線の謎を解くための鍵が出揃った。彼女の眼は外界からのさまざまな光を捉えながら、眼底はその中からある種の光を選んで反射している。強い光が当たった時の赤眼現象から推察すると、眼底が反射する光は赤い波長に近いものだろう。人間は赤に敏感だ。深海魚が海底の緑色を手がかりにするように、人間は赤を生存のための手がかりにする。血の赤。肉の赤。炎の赤。

彼女の視線は私におそらく赤い光の粒子を投げかける。彼女の視線に気がつかない私の眼に、ごくわずかな光の粒子が入ってくる。斜めの方向から私の網膜の周縁部に。視細胞はその粒子を鋭敏に検出し、信号はすばやく視神経を伝わって脳に注意喚起をもたらす。私はおもむろに顔を上げて光の方向を見る。彼女の視線はまっすぐにこちらを貫いている。ほんの一瞬、眼と眼が合う。彼女ははっとしてその美しい髪を揺らしながら視線をはずす……。

もちろんこれはあくまで、未だ立証されない思考実験にすぎないのだけれども。

眼の解像力

右。上。左。左。下。右。うーんと。えーと、あれ？　ちょっとわかりません。

視力検査に使われる端正なデザインの黒いくっきりとしたリング。あれにはちゃんと名称がある。ランドルト環という。二十世紀のはじめ、フランスの眼科医エドマンド・ランドルトが作った。

ランドルト環は、私たちの視力の何を測っているのだろうか。ランドルト環のポイントは、実はその環の大きさではない。環の切れ目の幅なのである。

眼のよさ、とは離れた二点をちゃんと二点と識別できるか、ということである。ひしゃくの形をした北斗七星。柄の部分には三つの星があるが、その真ん中の星は実はひとつの星ではない。ミザールとアルコルという二つの星が接近してそこにある。かなり眼のよい人でないとわからない。古代アラビア世界では、これが兵士の視力検査に使われていたという。

ランドルト環も同じである。一般的な視力検査では、5メートル離れた距離から、直径7・5ミリの黒い環に入れられた幅1・5ミリの切れ目がちゃんと切れ目と識別できるかどうかを調べる。もし識別できればあなたの視力は1・0である。切れ目とは、黒い環の端と端の隙間ということであり、もしその端と端の二点がぼやけて、離れているのかくっついているのか判別できないなら、あなたの眼の解像力、つまり視力は1・0に達していない。一段階、大きな切れ目の環で試してみることになる。

見えない切れ目を識別するためのもうひとつの方法は、何歩か前に踏み出して環に近づくことである。たとえば、20センチほどの至近距離まで接近すれば、直径7・5ミリのランドルト環がどちらに開口しているかはほとんどの人にとってははっきりと識別できる対象となる。これ以上の接近は、眼の焦点距離限界の内側に入るので逆効果となる。

ランドルト環

ではこの至近距離において、視力1・0の持ち主はどの程度小さなランドルト環の切れ目まで識別可能だろうか。理論的には、高さ5メートル、底辺1・5ミリの二等辺三角形（上記の視力検査）を相似形的に縮小すると、高さ20センチ、底辺0・06ミリとなるので、微小ランドルト環の0・06ミリの切れ目が見えることになる。しかし、実際には、至近距離におけるヒトの眼の解像力はそこまで上がらない。およそ0・1ミリかもうちょっとだけよい程度、つまりおよそ1ミリの十分の一の解像力がヒトの眼の最高スペックとなる。10のマイナス4乗メートル。とはいえ、これは生物界の中ではきわめて優れた解像度であるといえる。

しかしその解像度をもってしても、人間は自分自身が、小さなしかし規則正しい箱型のユニットから構成されていることには長い間、気づくことができなかった。ユニット、すなわち私たちの細胞ひとつの直径はおおよそ0・03ミリ前後であり、それはヒトの肉眼の解像力よりもすこしだけ小さかった。

パワーズ・オブ・テン

家具のデザインで有名なチャールズ・イームズとレイ・イームズは、映像表現にも興味があった。いくつもの実験的なフィルムを残している。その作品はまず一九六八年、最初のラフ・スケッチとして作製された。それから九年が経過した一九七七年、パワーズ・オブ・テンはより進化した形で完成された。

気持ちのよいある晴れた日。映像は芝生に敷いたシートに寝転んで何気ない休日を過ごすカップルを映し出す。傍らには読みかけの本やこまごまとしたものが散らばっている。次の瞬間、カメラは上昇しはじめ、フレームはどんどんズームアウトしていく。彼らの住む家、街、都市圏、国全体、大陸、そして地球。さらに拡大は続く。各惑星が周回する太陽系、太陽系を遠く離れて銀河系にまで達する。宇宙はきらめく星の洪水に満たされる。

息をのんで静止したフレームはここから一転、逆にズームインを開始する。銀河系、太陽系、地球、大陸、国、都市、街、家、そして寝転ぶカップル。しかしカメラはここで止まらない。よりミクロな世界に侵入していく。臓器、細胞、オルガネラ、遺伝子。そして遺伝子を構成する分子。分子から原子。原子を構成する素粒子。そしてそこには核のまわりを周回する粒子がある。それはさながら恒星のまわりを周回する惑星と同じである。

この間、フレームの倍率が切り替わるごとに、その左にはフレームの一辺のスケールが表示され、右にはその時点での倍率が10のn乗として表示される。都市全体が鳥瞰できるのは10の5乗メートルのスケール（100キロメートル）。太陽系が見えるようになるのは10の11乗メートル。逆に、10のマイナス5乗メートルから細胞が見え始める。先に記したとおり、人間の肉眼の解像力の限界は、およそ10のマイナス4乗で、細胞はそこからさらにもう十分の一下のレベルとなる。マイナス8乗では遺伝子が見える。素粒子の世界はマイナス16乗である。

パワーズ・オブ・テンとは、10のn乗という意味だ。

この世界には、階層構造がある。マクロを形作るミクロな世界の中に、マクロな世界と同じ構成原理が、無限の入れ子構造として内包されている。パワーズ・オブ・テンが可視化して見せたこの示唆は以降の多くの表現や思想に大きなインスピレーションを与えた。

ランゲルハンスの小さな島

人間の眼の解像力が10のマイナス4乗メートル、つまり1ミリより少し小さいものを識別できる程度だとして、そこから百倍、解像度が上がれば、つまり10のマイナス6乗の世界を可視化できれば、臓器のサブレベル、つまり組織と細胞の様子を細かく観察することができる。イームズの映像が、芝生に寝転ぶ人間の身体の中心部に視点を固定したまま、ミクロな世界に突入したのだとすれば、視野は胸郭の中央に位置する臓器を拡大することになる。

その位置の奥深くに横たわっている臓器、それは膵臓(すいぞう)である。

10のマイナス6乗メートル、すなわちマイクロメートルの視力で膵臓の内部に突入すると、そこには不思議な均一性が支配する世界が、視界いっぱいに広がっている。均一性を構成する素材は、細かな波頭のようにも、薄い半透明の花びらのようにも見える。それが隙間なく、絨毯（じゅうたん）のように敷きつめられている。

ところが視野を少しずつ移動していくと、均一なその絨毯の中に突然、いかにも奇妙な文様が現れる。それは明るく透明な円形をしている。その透明度は絨毯の「地」よりも高い。円形自体は透明なのだが、その内部には小さな黒点が多数存在している。まるで黒胡麻でも散らしたように。円形の構造物は、絨毯の上のところどころに――なぜそれが不意に、そんなところに落ちているのか全く不明ながら――、無造作に撒かれた胡麻せんべいのように見えるのである。

しかし、パウル・ランゲルハンスはそんな風には感じなかった。彼は私よりもずっと詩的で、旅情に満ちていた。膵臓の顕微鏡観察を丹念に行っていた彼は、膵臓の組織のうちに、不思議なものを見つけた。彼は、均一な絨毯をむしろ青々と広がる南太平洋に見立てた。彼の眼ははるか高いところから鳥瞰している。そしてその大海原に浮かぶ、さんご礁に縁取りされた丸い島々として、明るく透明な円形の構造体を見た。

一八六九年二月、ベルリンで医学を学んでいた彼は、自分の発見した小さな島について論文を発表した。わずか二十一歳のことだった。しかし彼は、膵臓に散在するその小島(islet)がそこで何をしているのか、まわりの海からどのようにして現れてきたのか、海との関係はどのようなものなのか、円の内部に散らばる黒い点は何なのか、いずれの疑問にも意味のあることを書き留めることはなかった。リンパ節の一種ではないかという、今からすると誤った推測を行っただけだった。

ランゲルハンス島（islets of Langerhans）は、人名が冠された人間の解剖学的部位のうちでも、最もよく知られているものである。円形の「島」は特殊な細胞の集合体であり、黒い胡麻のように見えたものはその細胞の細胞核である。

ランゲルハンス島の細胞は、いくつかに分類される。一番重要な細胞はベータ細胞。インシュリンを作り出し、いつも血糖値をモニターしている。血糖値が高まると、インシュリンは細胞外へ分泌され、血液中を巡る。インシュリンは、他の細胞にとって特別な命令となる。血液中のブドウ糖が余っているから、取り込んで利用しなさい。脂肪細胞たちは、それを油脂のかたちで貯蔵し、いつ襲ってくるかわからない飢饉のときにそなえなさい。

何らかの理由で——それは病気であったり化学物質であったり、環境要因であったりするが——ランゲルハンス島が損傷を受けると、インシュリンの分泌が滞る。するとインシュリンの命令に忠実に依存している細胞たちは、一向にブドウ糖を細胞内に取り込むことがかなわなくなる。余った糖は血液中をぐるぐるとまわり、あげくに行き場を失って尿として排泄するしかなくなる。

現在、人間を苦しめる最もポピュラーな病気となった糖尿病は、ある意味で、飢餓状態に適応していたヒトという生物が、一気に飽食の時代に放りこまれた帰結として存在するといってもよい。不足と欠乏に対して適応してきた私たちの生理は、過剰さに対して十分な準備がない。インシュリンは、過剰に対して足るを知るための数少ない仕組みだった。それが損なわれたとき、代わりの因子は用意されていなかった。

ランゲルハンス島が、糖尿病と密接に関わっていること、ランゲルハンス島が生産しているものが、インシュリンという重要なホルモンであること。それらが明らかになるためには、パウル・ランゲルハンスがこの島を発見してからさらに五十年を待たねばならなかった。

まもなく結核をわずらいはじめたランゲルハンスは、カプリ島やシチリア島など温暖な地中海の地に転地した。しかし病状は好転しなかった。ついには、大学を辞し、ポルトガル沖のマデイラ諸島に移った。文字通り、彼は生涯、島を住処（すみか）としたのだ。

四十歳、彼はかの地で死んだ。彼の名を冠した世界最小の島の名を、科学者があまねく口にする日がくることを知ることはついぞなかった。そして彼は、自らの眼の解像度を上げて彼の島を認めたとき、その背景に広がっていた海の意味を知ることもなかった。

イームズのトリック

人間の網膜は、ごくごく微弱な光の粒を捉えることができる。その解像力は、すぐれて微小な形象を峻別することができる。解像力はさらに、たとえば顕微鏡の力をかりて、あるいは望遠鏡の力をかりて、下降も上昇をも自在にさせることが可能となる。パワーズ・オブ・テン。

しかしながら、イームズのすばらしい映像にはひとつだけトリックがあった。解像度を上げて対象を拡大すればその視野はより暗くなる、というシンプルな物理学的事実が捨象されていたことである。

生体のある細胞組織を顕微鏡で観察するとしよう。四十倍の倍率からパワー・オブ・テンを一段あげて四百倍としたとき、視野はどうなるだろうか。視野のフレームの大きさ自体はかわらない。かりに視野が正方形で、四十倍の時に見えていた映像を縦横10×10の方形のグリッドで分割したとすれば、その1×1のグリッドひとつが縦十倍、横十倍に拡大されて、四百倍の際のフレームの縦横に貼り付けられた、ということである。だから、新しい視野に拡大して捉えられた映像は、もとの視野にあった百分の一のグリッドを切り取ったものである。そして切り取られたものは映像だけではない。映像とともに明るさも切り取られているのだ。新しい視野を照らしているのは、四十倍時の視野の明るさの百分の一の光でしかない。

したがってもし顕微鏡の倍率を十倍だけ上げると何が起こるか。それは視野が暗転するということである。そしてさらに重要な事実は、もともと見えていた視野のうち99%はその光とともに失われてしまったということである。

イームズの映像は、倍率をどんなに上昇させても、視野はどこまでも同程度に明るかった。解像度が上がる快感だけが表現されることになった。

暗転した視野の内に見えるもの。そしてその外に捨象されてしまったものの行方について、何かを語ることができればよいと私は願う。

第2章　ヴェネツィア、二〇〇二年六月

足まで隠れるゆったりした長い裾の、派手な色のドレスを着た娼婦が二人、テラスの欄干(らんかん)にもたれて、犬や鳥たちと戯れながら、閑暇な午後の一時(ひととき)を過ごしているのである。いかにも娼婦らしく、彼女たちの身ぶりはどこか物憂げで、その姿態には、そこはかとないエロティックな肉感性さえ漂っている。

（澁澤龍彦「二人の娼婦」）

世界一ゴージャスな美術館

ロスアンジェルスの街から、レンタカーを運転してサンディエゴ・フリーウエーを北上する。車の流れは快調だ。天気もよい。地形はだんだん上り坂となり、左手からサンタモニカの山々が迫ってくる。このあたりから西、マリブにかけての丘陵地帯は高級住宅地が広がる。山肌の斜面には大きな邸宅の広々としたテラスやガラス張りのサンルームが見え隠れしながら後方へ走り去る。

とそのとき、はるか前方左手の山の上に整然と並ぶ人工物が現れた。あれか、と私は驚いた。この位置からあの大きさに見えるのだから実際の建物はとてつもなく巨大なものだろう。カリフォルニアの空を背景に、それはまるで現代に再現された白亜の古代神殿群のように輝いて見えた。表示板にしたがって私は減速し、フリーウエーをはずれた。

ゲティ・センター。

世界中で最もゴージャスな美術館はどこだろうか。メトロポリタン？　ルーブル？　プラド？　いや、やはりここゲティ・センターではないだろうか。その過剰さにおいて。係員の誘導に従って山麓の駐車場に車をいれる。エレベータで屋上へ上がる。するとそこは未来都市のようなトラムのターミナルだ。三両編成の電気駆動車両は人々が乗り込むと音もなく発進し、カーブを描きながら白い軌道上をするすると山へ登っていく。高度が上がるにつれ、視界が開ける。眼下には今しがた走ってきたフリーウエーを行き来する豆粒のような自動車の流れ、そしてダウンタウンの街並みが遠望できる。スモッグの中、中心部にある数本の高層ビルが見える。景色を見送るとトラムはもう一度カーブをしながら静かに停止した。

ドアが開いた。目の前に展開する光景に一瞬目がくらんだ。

ゲティ・センターはいくつもの建物からなる一大芸術文化複合体である。正面にはなだらかな大階段。続いて円形のホールが広がる。その上に巨大な石が積み上げられた壮大な構造のメインビル。これが美術館本館だ。石はトラヴァーティンと呼ばれるイタリア産の最高級石材である。その右手には手入れの行き届いた芝生と花々が溢れる中央庭園。ロスアンジェルスの街を借景に崖へせり出している。それを挟んでモダンな曲線の研究棟。手前側にはレストランやカフェが入ったビル。目を左手に転じるとシンポジウムやコンサートが催されるオーディトリアム棟。いずれも石とアルミパネル、大きな反射ガラスを組み合わせたスタイリッシュな建物である。リチャード・マイヤー設計。建設には十年以上の歳月と十億ドル以上の資金が費やされた。

テーマパークのようでありながら、ここには圧倒的な質量がある。悪趣味ぎりぎりのようでありながら否定しようのない壮麗さがある。不自然なほどのまぶしさがある。完全なまでに徹底された清潔さがある。そのすべてに私は圧倒されつづけた。いくら待ってもリアルな視覚感覚が戻ってこなかった。

石油王J・ポール・ゲティ

アメリカを車で走るとどこの街角にでも見ることのできるガソリンスタンド。"Getty". J・ポール・ゲティは、オクラホマ州タルサの荒地の採掘権をわずかな金で買った。最初の数ヵ月間は何ごとも起こらなかった。一九一六年、あきらめかけた頃、一つの井戸から爆発的に原油が噴き出した。一夜にして彼は成功者となった。二十三歳のときだった。ゲティは次々と事業を拡大していく。株の買収、会社の乗っ取り、海外からの石油輸送、サウジアラビアにおける産油利権。一九五七年、フォーチュン誌は、J・ポール・ゲティを世界一の富豪と報じた。個人資産推定十億ドル。

ゲティは私生活でも華麗なスキャンダルに彩られている。吝嗇（りんしょく）と好色。五回結婚し、五回離婚。ガールフレンドの数は数え切れない。彼は女たちに残す遺産額を記した遺言書を毎年書き換えて、彼女たちを競わせていたという。私の手元には、何かのパーティだろうか、シャンパンを手前に、何人もの美女をまわりにはべらせて真ん中に座る晩年のゲティの写真がある。高級そうなスーツとポケットチーフ。薄い笑みを浮かべているものの彼の視線は鋭くカメラに向けられている。大きな鼻と大きな手。キャプションによれば、写真の中、ゲティの最も近くに座って口もとを寄せているのは、ゲティお気に入りの美貌の弁護士ロビーナで、彼はロビーナに多額の遺産を贈った。

ゲティの吝嗇ぶりについても枚挙に暇がない。寄付を求める依頼が常に殺到したが一顧だにしない。客を招待した自邸のパーティ会場に有料電話を設置した。あげくのはてには、孫が身代金目的で誘拐され、その際、最初は支払いを拒否した。しぶしぶ承諾するもその額を値切った。かわいそうな人質は耳を切られ、なんとか生きて帰ってきた。

一九七六年、ゲティが死ぬと当然のことのように相続紛争が起こった。遺産のうち七億ドルが、生前に設立していた個人美術館に寄贈されることになった。が、遺族がこれを不服として訴訟を起こした。長い裁判の末、美術館は遺産を獲得したが、その間の利子によって遺産額はさらに膨れていた。さらにゲティ石油はテキサコに買収され、保有株を売った美術館はますます富んだ。この莫大なお金をいったいどのような公的目的に使えばよいだろうか。その答えが、サンタモニカ山上の巨大な施設ゲティ・センターだった。

壮麗さと過剰さ。それは所蔵されている美術品の数々にもいいうることだった。ここには、ゴッホのアイリスがあり、セザンヌの果物画があり、ダ・ビンチの素描があり、レンブラントの大絵画がある。おびただしい数の中世宗教絵画があり、ヨーロッパの宮廷家具があり、現代写真がある。かと思えば、古代ギリシャの彫像があり、東洋の骨董がある。

それらはすべて、高い天井と斜めに組まれた板床のギャラリーにゆったりと陳列されている。上からは柔らかなスカイライトが射し込む。壁は、部屋によって深い緑、萌黄色、あるいは落ち着いた小豆色などの布張りである。上品さは美術館内外の隅々にまで行き届いている。金に糸目をつけずに買いあさった豪華な作品群の一貫性のなさとの分裂が、ここを訪れた人々を落ち着かない気持ちにさせ、眩暈(めまい)に似た感覚を催させるのだ。

そして、J・ポール・ゲティ自身は、この場所を知らない。

「ラグーンのハンティング」の謎

しかし私のめあてはたった一つの絵だった。フロアプランを見て絵の所在を確かめると、まっすぐにその部屋に急いだ。

「ラグーンのハンティング」は静かに飾られていた（口絵 i）。ヴィットーレ・カルパッチョ作。十五世紀の終わりごろイタリアで描かれた。今から五百年以上も前のことである。

私は絵の前に立った。ラグーンとは汽水湖、あるいは潟のような遠浅の海のことだろうか。数艘の小舟が出ている。魚とりの仕掛けか貝類の養殖か、連なった柵が見える。水の浅さは舟の漕ぎ手が棹を操っていることから知れる。ハンティングとはいうものの、たとえば同じ時代、ブリューゲルによって描かれた狩人のような研ぎ澄まされた息づかいはどこにもない。むしろのんびりとした、楽しげな雰囲気がたゆたっている。そして、遠くの雲は傾きかけた陽の光に照らされ、山の上空には雁行する鳥の群れ。どこか谷内六郎の表紙画に似た郷愁が流れ、見る者の気持ちを和ませる。そんな絵である。

解説によれば、舞台はイタリア・ヴェネツィアの海辺で、当時の貴族たちの舟遊びの様子を描いたものだという。よく見ると貴族たちが手にしている弓に矢はつがえられていない。彼らは粘土で作った小さな球を鳥に向けて飛ばしているのだ。鳥は日本でいう鵜の一種で、海中の魚を捕獲させ泥球で追い立てて獲物を運ばせているらしい。そんな遊びがすでにあったのだ。手前に近づくにつれ海の色は濃くなる。午後ももう遅めのようだ。絵の左、一番下には唐突にユリに似た花が描かれている。なぜこんなところに花があるのか。

ヴェネツィア爛熟の影

須賀敦子の名前を知ったのはいつの頃だろう。彼女が作家としての短い著作活動の期間を終えてこの世を突然去って以降のことであるのは間違いない。それまでうかつにもこれほど美しい文章の存在を私は知らないでいた。

須賀敦子がその名を広く知られるようになったのは彼女が六十歳を越えたあと、一九九〇年に出版した書物によってである。読書界は瞠目した。その後、夜空の星のように、粒よりの、しかし限られた数の書物がそれこそ星座を構成するように端整な配置で刊行された。一九九八年の早春、彼女は惜しまれて亡くなった。私はそれを後になってから追体験したのである。そしてたちまち彼女の文章の虜(とりこ)になった。私が好きなのは『地図のない道』と題された彼女の最後の本である。

この中に「ザッテレの河岸で」という一種風変わりな作品がある。ザッテレとは筏(いかだ)という意味で、ヴェネツィア島のはずれジュデッカ大運河に面した船着場一帯のことをさす。

イタリアの文学と詩を愛した須賀は、何度もヴェネツィアを訪れていた。網目のように入り組んだこの街の水路や小径にはその入り口の壁に小さく名称が示されている。あるときザッテレの河岸を散策している折、彼女はふとインクラビリと名づけられた水路があることに気づく。インクラビリ。英語に直せば、incurable 不治の病という意味だ。なおる見込みのない人たちの水路。奇妙すぎる地名に彼女はおもわず笑った。「なんだか自分のことをいわれてるみたいだ」と。しばらく後、この地名のことが心の隅に残っていた彼女はある記録を発見して驚く。ここには、重い歴史の暗がりが宿っていたのだ。

当時のヴェネツィアはイタリア文化史上、ひとつの頂点を迎えていた。頂点とは爛熟という意味において。コルティジャーネと呼ばれる女性たちがいた。通常、高級娼婦、と訳される彼女たちの交際相手は、貴族や高位聖職者に限られていた。彼女たちは美貌と肉体だけでなく、文学や詩、哲学や神学にも優れていた。そのうえ楽器を演奏し、歌がうたえるなど「文化のあらゆる分野にわたる教養を身にそなえていることが肝要であった」。彼女たちは、愛人たちの富と権力を背景に、贅をつくした、そして文字通り爛れた生活を送っていた。そして闇への扉はいつも開いていた。

彼女たちが活躍していた頃、つまり一五〇〇年代の中ごろ、ヴェネツィア島の最も端のあたり、ザッテレの一角に病院が建てられた。当時の病院とは治療の場所ではなく隔離の場所だった。病院とは死にに行くところだった。そしてこの病院は、梅毒に罹った娼婦たちを収容するための施設だったのである。

梅毒は無軌道な性交渉によって病原体スピロヘータが不意に乗り移ってくることによって伝播する。感染するとリンパ節が腫れ、発熱、倦怠感、関節痛が起こる。薔薇疹と呼ばれる赤い斑点が顔面から手足、全身に現れる。まもなく発疹はおさまるがここから慢性化が始まる。病原体は長い年月をかけてゆっくりと心臓や脳、脊髄、神経を侵してゆく。進行性の麻痺、痴呆、運動障害、錯乱などが現れ死に至る。

当然のことながらヴェネツィアには〝高級〟でない娼婦たちもたくさんいた。梅毒は少なくない数の彼女たちをえじきにして広がった。むろん当時は原因も予防もそして治療法についても何もわからなかった。なおる見込みのない病気とは他でもない、梅毒のことだったのだ。水路に付けられた名前、インクラビリはまさにその名残だったのである。

須賀敦子は、ヴェネツィアのサン・マルコ広場にあるコッレール美術館に赴く。有名なヴェネツィアの娼婦を描いた絵を見るためである。「コルティジャーネ」（口絵ⅰ）。

須賀敦子の歩いた道

国際トリプトファン研究会の会場をあとにした私は、パドヴァのターミナルからバスに乗り込んだ。バスはここに来たときと同じように豆畑が両側に広がる道をごとごとと走り続けた。行き先はヴェネツィア。須賀敦子のヴェネツィア。

彼女の文章には幾何学的な美がある。柔らかな語り口の中に、情景と情念と論理が秩序をもって配置されている。その秩序が織りなす文様が美しいのだ。ことさら惹かれたのは、本を書くに至るまで彼女がずっと長い時を待っていたという事実だった。幾何学を可能にしたのは彼女の人生の時間である。彼女の認識の旅路そのものである。彼女の本を読むにつれ、そのたたずまいに引きこまれていった。彼女の歩いた道を彼女が歩いたように歩いてみたかった。彼女が考えたように、自らの来し方を考えてみたかった。彼女が静かに待ったように、私も何かが満ちるのを待ってみたかった。その何かを知りたくて彼女の文章を何度も読んだ。そしてますます彼女への想いが深まった。

当時、私は紛れもなく倦（う）んでいたのだ。自分と自分の研究に倦んでいたのだ。壁にぶつかっていたとか困難な隘路（あいろ）に入り込んでいたというのではない。むしろ順調にデータを出し、一年に何本か定期的に論文を発表していた。それらは無論、大発見ではなかった。が、しかし、何らかの新発見ではあった。そこが問題の核心だった。そこそこの専門誌に掲載された論文は何人かの同業者が読み、学会で出会う彼らとの間でお互いの論文について、面白いねと、社交辞令を交わす。私は、その巡航ぶりに倦んでいた。その自己模倣ぶりに飽いていた。それは、とりもなおさず私自身の限界であり、弱さでもあった。しかし私にはどうすればよいのかわからなかった。

新しい別の何ものかを求めていたのだろう、私は空き時間に本の翻訳を始めたり、ちょっとした文章を書くようになった。不思議なことに私が親和性を感じるものは、すべて自分自身の方法への懐疑と再考を喚起するようなものばかりだった。私が初めて翻訳した書物『ヒューマン・ボディ・ショップ』は、臓器、組織、細胞、遺伝子など人体部品の商品化と生命操作の危うさを描いたものであった。

表立っては何事もなかった。しかし研究至上主義を標榜する古い大学組織の中には、目には見えない赤外線が低い位置のあちこちに張り巡らされていた。私のふるまいは、しばしばその赤外線を横切って、ちりちりと冷たい、音のない音をたてた。

高級娼婦の視線の行方

絵は、特別な一室にそれだけがかかげられていた。手前にはポールを立ててそのあいだにロープが渡してある。できるだけ近寄ってその絵を間近に見た。

二人の女。高級娼婦(コルティジャーネ)たち。一見して謎めいた雰囲気をことさら深めているのはこの絵の色彩のあざやかさだ。ここには原色がない。しかし彼女たちの衣装の艶やかさはどうだ。

手前の女が身にまとう紫の深さ。向こう側の女のドレスの黄土色の明るさ。そして彼女たちの肌の白さ。大きく開いた襟ぐりからは豊かな乳房がせり出している。金髪の縮れ毛。絵には高級娼婦の豪華な姿の他に、奇妙なモチーフが描き込まれている。いずれも見るからに貴族たちの館を思わせるものだ。

愛玩用のチワワに似た小さな犬。グレイハウンドのような猟犬。乱暴に脱ぎ捨てられた高下駄のような赤い履物。石でアーチが象(かたど)られた欄干とその上にとまる鳥たち。床のオウム。捨てられた手紙。隅にたたずむ不釣合いに小さい少年の従者。それぞれに特殊な意味が込められているのかもしれない。しかし、一切は互いに無関心であるかのようによそおっている。チワワだけがこちらに向かって何かわけがありそうな目線を投げかけている。

なによりも見るものの心を捉えて離さないのはこの絵全体を支配する言いようのない虚無感だ。女たちは何かを見ているようでその実、何も見ていない。

チワワに指先を預け、鞭を猟犬に嚙みつかせているものの、手前の女の意識の上に犬たちは存在していない。向こう側の女の視線も、腕を乗せている欄干にとまる鳥にも、従者にも交わっていない。あえていうならば彼女たちの遠い眼は、いずれも絵の外側にある虚空を見つめているのだ。須賀敦子は、これを「凄絶なほどの頽廃」と書きとめている。

古来、この絵は、数多くの文学者や芸術家の好奇心を集めてきた。それはすべて彼女たちの視線の行方を巡るものであるといってよい。ヴェネツィアで贅沢を極めた生活を送っていた女たちが見つめる空疎さ。

ところが「ザッテレの河岸で」の中で、美術館のカタログを読んだ須賀は意外な事実を知る。大理石の欄干に置かれた、白黒の網目模様のついた花瓶の家紋の分析から、これがトレッラ家というヴェネツィアの由緒ある家柄のものであることが判明したというのだ。ということは、高級娼婦とされてきたこの絵の二人の女たちはヴェネツィア旧家のごく普通の婦人たちであるかもしれない。

須賀は出鼻をくじかれた思いがした。でもしかし、と彼女はなおも考えた。そもそも十六世紀のヴェネツィアの街には娼婦があふれており、その着飾った姿だけからは彼女たちが娼婦であることはわからなかった。そして娼館はしばしば貴族の所有する館があてがわれていた。「トレッラ家の男が、彼女たちを館のひとつに住まわせていたと考えることはできないのか」。

絵を眺めながら私も思った。彼女たちが旧家の婦人方だったという推論はそのままではすとんと心に落ちない。それでは彼女たちの姿に表れた倦怠は、彼女たちの眼のうつろさは一体なんだというのだろうか。

それから私はそっと語りかけた。

でも須賀さん、この絵にはもうひとつ隠された秘密があったのです。トレッラ家の紋章がついたファエンツァ焼きのこの花瓶。ここにはユリの花が挿してあったのです。ユリの花の向こうにはヴェネツィアのラグーンが広がっていたのです。

もともと一つの絵だった

ゲティ・センターのキュレーターたちは、「ラグーンのハンティング」が描かれた木製パネルを詳細に分析していた。そしてこの絵の底辺にあたる部位に特殊な木目があることに気づいた。そこには波線が繰りかえし残されていた。あたかものこぎりの刃が往復したような。つまりそれは文字通り断面といってよいものだった。

その事実の意味するところは明らかだった。彼らは遠く離れた、同じ作家の、ある作品のことを考えた。

彼らはコッレール美術館の協力を得て、「コルティジャーネ」の上辺部を調査した。そこにも波線が残されていた。断面。波線と波線の凹凸関係は正確に相補的だった。つまり断面は一致し、二つの絵は完全につながったのである（口絵ii）。

その瞬間、ラグーンで舟遊びにいそしむ男たちの風景には近景が生まれ、海中に浮かんでいたユリの花は収まる場所を得た。同時に、海にせり出すように作られた豪華なテラスで所在なさげにたたずむコルティジャーネたちの向こうに背景が生み出された。

増えたのは風景の遠近感だけではない。互いの絵を巡る物語に、新しい関係が加わったのである。それは令室や令嬢をほったらかしにして趣味に興じる貴族たちの姿だったかもしれない。あるいはそれとは全く違ったものだった可能性もある。夜の宴のために獲物をもちかえろうとする男たちと、その男たちと繰り返される女たちの寄る辺なき営み。それはインクラビリに通じるほの暗い予感であったかもしれない。

ヴィットーレ・カルパッチョがこの絵を描いてかなりの年月が経過したある頃のこと、それは強欲な画商の仕業に違いない。この絵を真ん中から上下に切断し、二つの絵として売りさばくことを思いついたのだ。そのほうが絵全体の売値が上がったのだろう。二つの絵は流れ流れて数奇な運命の末、ひとつははるかロスアンジェルスに至り、もうひとつはヴェネツィアにとどまった。

実に、カルパッチョは、彼女たちが見つめていた先のほの暗い何ものかをも描いていた可能性がある。様々な非破壊的検査によって、ゲティ・センターは、この絵の背面に頑丈な蝶番（ちょうつがい）が打ち付けられていた跡を見出したのだ。かつてそこにあった蝶番はこの絵の左端からその半分を外側へ延ばしていたものと推定された。蝶番跡は上下に二ヵ所ついていた。つまり、ラグーンのハンティングとコルティジャーネからなる細長い木製のパネルは、屏風のような折り戸か、あるいは大きな家具の扉の右半分であったのだ。そして蝶番によって左半分のパネルと連結されていた。ならばその左側のパネルにも絵が描かれていたことだろう。上にはラグーンに連なる物語が、下にはコルティジャーネたちの視線の行方が。

ひょっとすると彼女たちのうつろな視線は、そこに何があったとしてもそれを透明なものとして突き抜けていたかもしれない。いずれにしてもそこには何かが描かれていたのである。それは今いずこにあるのかも、永遠に失われてしまったものなのかも確かめるすべはない。

ただひとつ言いうることは、私たちが多くの想像をめぐらせたこのコルティジャーネも、のどかな海辺のハンティングも、全体から切り取られたほんの部分にすぎなかったということである。

インクラビリの水路に近い小さなペンシオーネに私は宿を取った。夜更け、テラスに無造作においてある白いプラスティックの椅子に座って目の前に広がるジュデッカ運河を見渡した。遠い対岸には倉庫のような窓のない建物の暗い連なりと教会のドームが見えた。波がペンシオーネ脇の水路に寄せてはかえす。その音がずっと耳の底にこびりついた。地図のない道。そう、須賀敦子のたどり来た道のどこにも標(しるべ)と呼ぶべきものはなかった。それでも彼女は、とうとうここまで歩いてきた、と思える地点に至ったのだ。

顕微鏡で生物組織を観察すると、細胞が整然と並んでいる様子を見ることができる。倍率を上げると細胞の一粒が、一気に近づいて見える。しかしその瞬間、私は元の視野のどの一粒が切りとられて拡大されたのかを見失う。拡大された絵は元の世界のごく一部であり、一部の光しか届いていない。ほの暗い。その暗さの中に名もなき構造物がたゆたっている。そして、今見ている視野の一歩外の世界は、視野内部の世界と均一に連続している保証はどこにもないのである。

第3章　相模原、二〇〇八年六月

コンビニのサンドイッチはなぜ長持ちするか

Ａ大学。講義棟Ｅ３０７番教室。

――おはようございます。引き続き『毒と薬』の講義を進めます。

さて、みなさんはスーパーマーケットやコンビニエンスストアで買い物をするとき気をつけていることありますか。え、何も気にしていない？　せめて消費期限の日付くらい見るでしょ。そのとき、棚に並んでいる商品を覗き込んで、あるいは手を伸ばして、できるだけ奥のほうにあるものを取ろうとしていませんか。古いものを早く〝捌(さば)かせる〟ため、店頭では普通、古い商品ほど手前に、新しい商品は奥のほうに置かれています。あなたは奥から日付の新しいものを取り出してカゴに入れ、しめしめ、と思っていませんか。

日付の若い商品は、確かに製造年月日が新しいわけですが、同時に、そこに含まれている「毒」もまた新しいということに注意してください。

コンビニの棚に置かれているサンドイッチやお弁当などの商品の消費期限は概ね製造後36時間以内ということになっています。しかし、これはあくまで消費者向けの基準です。コンビニは、下請けの納入業者にこれら加工食品を作らせています。その際、コンビニ側が納入業者側に申し渡している保証時間は、ここに安全率2倍をかけた、〝72時間経過しても品質が変わらないこと〟であるといわれています。まあ、みなさんのように、消費期限なんかほとんど気にしていない人が多数いることを考えれば、買ってそのまま寝て、後日、しばらくしてから思い出して食べてしまうような人もいるわけですよね。ですからこれくらいの安全率もむべなるかなです。

とはいえ、コンビニの商品棚は少々冷えていることはあっても、決して冷凍庫や冷蔵庫のように閉空間ではなく、常温の店内の気温に常に晒(さら)されています。こんな場所に72時間放置されていて何事も起こらない食品。これは一体なんでしょうか。今朝、大学に来る途中のコンビニでひとつ買ってきました。これです。三角形のサンドイッチ。卵やハムやツナなどがはさまれています。パッケージの裏のラベルを見たことがありますか。

(最近の講義室には、教材を提示するための機材がいろいろ備わっており、教員の手元の資料やサンプルを接写して、大スクリーンに映写できるような書画カメラがある。それを操作してラベルを大写しにする。)

よく見て下さい。ここには、もしみなさんが自分でサンドイッチを作るとしたら、決して入れることのない、奇妙なものが実にたくさん記載されているではありませんか。

ものがくさるメカニズム

その前に、まず、くさる、つまり腐敗という現象について考えてみましょう。私たちが自分で卵やハムやツナをはさんで作ったサンドイッチを72時間、つまり丸三日間、常温に放置すればどうなるでしょうか。そのサンドイッチは、匂いをかぐことはおろか、それを開いてみることすらためらうような状態になっているはずです。ここで起こっていること、変色したり、酸っぱくなったり、嫌な匂いがしたり、べたべたと糸を引くような粘り気が出たりすること、それが腐敗です。腐敗とは生命現象そのものです。

私たちの身のまわりには無数の微生物が生息しています。空気中にも、机の上にも、床にも。微生物は肉眼で見ることはできません。なぜなら、彼らのサイズは私たちの眼の解像度よりも小さいからです。以前、お話ししましたよね。ランドルト環の切れ目のこと。私たち人間の眼が識別可能な二点は、およそ0・1ミリメートル離れている二点です。それより小さい距離の二点は二点として認識できません。つまりもし微小な点が机の上に乗っかっていても、その点を机の表面から区別して見ることができないのです。微生物の種類は千差万別ですが、そのサイズはおよそ0・001ミリメートル内外。人の眼の解像限界のさらに百分の一です。パワーズ・オブ・テンでいうと10のマイナス6乗メートル。

まあ、これが眼に見えないというのはある意味で幸いなことでもあるのです。だって、微生物は私たちの手のひらや皮膚の上、髪の毛の中にだってうようよいるのですからね。サンドイッチを作る食材にもいますし、作る途中でも空気中や作り手からも絶え間なく降り注いでいるわけです。

微生物は栄養と温度などの生育条件が整えば急速に増殖を開始します。そして多くの微生物は、少々条件が悪くとも増殖が可能です。微生物の特徴は細胞分裂によって無限に増えることができることです。オスもメスも必要ありません。ひとつの細胞の内部ですべてのものが複製され、それが分配されて二つの細胞に分かれます。早い場合は20分に一回、普通でも1時間に一回は分裂でき、そのたびに2倍に増えます。ですから10時間後には、2の10乗、つまり1024倍に増えます。20時間後には約100万倍、そして72時間もあればそれこそ桁が読めなくなるような天文学的数字にまで爆発的に増殖できることになります。

サンドイッチが彼らの栄養分となります。彼らの代謝と増殖活動の結果として、酸や嫌な匂いがします。嫌な匂い、主としてこれはタンパク質に含まれる硫黄成分に由来します。温泉地に行くと〝卵が腐った〟匂いがするのは、泉源に硫黄のガスが発生しているからです。あるいは、粘液物質、毒素などが作り出されるわけです。

このような腐敗現象は、微生物にとって栄養素になるものがあって、その場に付着している、あるいは浮遊してきた雑多な菌がランダムに増殖を開始することによって起こるプロセスです。しかし、微生物の増殖プロセス、という点では全く同じ生命現象でありながら人間にとって益をなすものがあります。発酵、というものです。

微生物を選択し、環境をうまく整えると、腐敗現象を発酵現象に変えることができます。この二つは同じ生命現象です。放置しておくと腐る牛乳に乳酸菌を植えるとヨーグルトができます。大豆に納豆菌を植えるとアミノ酸を含む美味しい粘液物質が生産され、独特の風味が加わります。あるいはビール、清酒、ワイン、すべて発酵現象の産物です。基本的には穀物のでんぷんを糖に変えた後、その糖をアルコールに変える作用を微生物によって行っているのです。味噌や醬油などの例を挙げるまでもなく、日本は世界的な発酵食品大国です。

ミクロな〝パックマン〟

さて話題をサンドイッチに戻しましょう。72時間放置しても何ごとも起こらないことにはどんなからくりがあるのでしょうか。

成分表示のラベルを見てください。そこには普通の人が聞いたことのない物質名がずらずらと並んでいます。その中に「保存料（ソルビン酸）」と書いてあるのがわかりますか。

ソルビン酸。これが微生物の生育を妨げて、腐敗が進行するのを防いでいる物質です。

ソルビン酸は微生物の細胞内には本来存在しない物質です。もしソルビン酸が存在すると、それは微生物の生育を妨げます。つまり微生物にとっての毒です。一体、どのように毒として働くのでしょうか。それはソルビン酸が、一種の囮(おとり)物質として微生物の代謝に干渉するからです。囮とは、似て非なるもの。実は、ほとんどすべての薬は、生物にとって大切な物質の囮として、つまりニセモノとして働いているのです。

以前、みなさんに紹介したグルタミン酸とキノリン酸を思い出せますか。グルタミン酸とキノリン酸はいずれも－COOHという角(つの)を二本持っていました。両者の間で共通の構造です。つまり両者は似ています。グルタミン酸は、細胞と細胞の連絡をつかさどる重要な物質で、特に脳細胞の間でやりとりされています。一方の脳細胞がグルタミン酸を放出すると他方の脳細胞がそれを受け取ります。受け取るのは細胞表面にあるレセプターです。そこへグルタミン酸がすっぽりはまり込みます。しかし、構造が似ているキノリン酸もまたそのレセプターにはまり込むことができます。それゆえキノリン酸は、グルタミン酸の囮物質として働くことができるわけです。

全く同じことがソルビン酸の場合にも言えるのです。ソルビン酸にはジグザグ構造の先に－COOHという角が一本付いています。それゆえ、この角が付いている他の物質のニセモノになりうるのです。微生物の栄養素として働く物質には、〇〇酸と名のつくものがたくさんあります。乳酸、酢酸、酪酸、ピルビン酸、クエン酸、リンゴ酸、オキサロ酢酸、グルタル酸。いずれの酸も－COOHという角があり、すこしずつ形の違うジグザグの構造があります。これらの酸は、サンドイッチに含まれる炭水化物やタンパク質、脂質が代謝されるプロセスで現れ、さらに微生物の細胞内で代謝されてエネルギー源になっていきます。

乳酸は代謝されてピルビン酸に、リンゴ酸は代謝されてオキサロ酢酸になります。ここでいう代謝とは化学反応のことです。細胞の内部で進む化学反応には、酵素という触媒が関与しています。酵素とはいってみれば細胞内で働くミクロな〝パックマン〟のような存在で（といっても、みなさんにパックマンが通じますかね……昔のテレビゲームのキャラクタです）、ある物質をくわえて、別の物質に変換してくれます。ひとつの反応にひとつの酵素が割り当てられていて、たとえば、乳酸脱水素酵素という名のパックマンは、乳酸を餌としてくわえ込んで、ピルビン酸に変換します。リンゴ酸脱水素酵素という名のパックマンは、リンゴ酸を餌としてくわえ込んで、オキサロ酢酸に変換します。いきなり長い名前の酵素が登場しましたが、こんな名称は別に覚えていただく必要は全然ないのです。ただ、説明の都合上出てきただけです。単に、微生物の細胞内で働く変な役者の名前だと思っていただければいいのです。

ソルビン酸の罠

ここに本来、細胞内に存在しないはずのソルビン酸がたまたま出現したとします。ソルビン酸は、乳酸に少しだけ似ています。ソルビン酸は、リンゴ酸にも少しだけ似ています。でも似ているのは、－COOHのところだけ、のこりは似て非なる構造をしています。しかし、悲しいかな、乳酸脱水素酵素も、リンゴ酸脱水素酵素も、ソルビン酸を〝餌〟だと思い込んでくわえてしまうのです。

もしそれが正しい餌ならば、一噛みすると次の物質に変換できるのですが、ソルビン酸には本来の餌にはない変なジグザグ構造がついています。これが彼らパックマンたちの喉に魚の小骨のようにひっかかってしまうのです。ソルビン酸が囮物質だと気づいてももう遅い。なんとか吐き出そうともがきますが小骨はなかなかとれません。ソルビン酸の量が相当程度あると、たくさんのパックマンたちがこの罠にはまってしまうことになります。

代謝反応を触媒するはずのパックマンたちが、ソルビン酸をくわえ込んでにっちもさっちもいかないと、本来の作業を行うことができません。つまりその経路の反応がブロックされてしまうことになります。乳酸をピルビン酸へ、リンゴ酸をオキサロ酢酸へ変換する経路がストップしてしまいます。代謝経路の重要部分を寸断されると、交通網全体の流れがダウンしてしまいます。こうして、ソルビン酸は微生物の生育を抑制してしまうのです。

ソルビン酸は、言ってみれば単純な構造をしています。それゆえに、先ほど挙げたいくつもの○○酸という細胞内の栄養物質に大なり小なり似ていて、それらの物質の囮として作用します。もちろんブロックの程度には強弱がありますけれど。

こうしてソルビン酸は、多面的に展開して、微生物の酵素に取りついてその代謝反応をブロックすることができるのです。だからソルビン酸を食材の中に混ぜ込んでおくと、腐敗の進行をとめることができるわけです。ソルビン酸は広範囲の加工食品に添加されています。ハム、ソーセージ、かまぼこなどの食肉・魚肉ねり製品、パンやケーキ、お菓子のあんやクリーム、チーズ、ケチャップ、スープ、半生の果実類、果実酒、飲料……食品の種類によって、1キログラムあたりだいたい1～3グラムほどのソルビン酸（重量比にして0・1～0・3％）の添加が認められています。

つまりソルビン酸は、微生物にとってはその生命活動をとめてしまう毒として働きます。人間にとっては加工食品の消費期限を延ばしてくれる便利な薬として働くことになります。毒と薬は表裏一体とはこういうことなのです。

人体には無害？

それでは、とみなさんは思うでしょう。当然の疑問ですよね。ソルビン酸は人間の身体、人間の細胞に毒として作用しないのかと。

ソルビン酸は幸いなことに、食品に添加される程度の濃度では、人間の細胞に対しては毒として作用しません。人間と微生物とでは代謝の経路やそれをつかさどる酵素の仕組みが異なるからです。パックマンの姿形が進化の過程で少しずつ変化しているわけです。それからソルビン酸のような本来、代謝の邪魔になるような物質を分解・除去する解毒の仕組みも人間のほうがずっと優れています。だからこそソルビン酸は食品添加物として認可されているわけです。

それはどのようにして証明されたのですかって。そうですね。その主張がよってたつ論理を確かめるというのは最もスタンダードな懐疑的知性のあり方ですね。では科学者が安全性を判定する方法を説明しましょう。

人間を直接、実験台にすることはできませんから多くの場合、ラットやマウスといった実験動物を用いてその毒性が確かめられます。ソルビン酸であればソルビン酸を食べさせてみて、異常が起きないかどうか観察します。どんなに安全といわれる物質でも大量に摂取すると異常反応が起きる可能性があるので、用量をすこしずつ増加させていって様子をみます。ここでいう異常とは急性の毒性のことです。食べてから数時間以内、長くても一日二日の範囲で現れる異常です。

ラットは体重200グラムくらい。そのラットにソルビン酸を少しずつ増やしながら食べさせます。実験動物でも個体差がありますから複数のラットを使います。十匹のラットそれぞれに、ソルビン酸を1・47グラム食べさせた時点で、五匹が死亡します。これを50%致死量と呼びます。その量を摂取すると半数が死ぬ、そのような服用量です。50%致死量は、体重に比例します。体重が大きいほど毒が身体中に回るのによりたくさんの量がいるからです。体重が大きいと肝臓が大きく、その分、解毒の能力が大きいということも関係しています。

この結果を人間に当てはめてみましょう。動物実験がそのまま人間に当てはまるかどうかは一概に断言できません。でもソルビン酸のような水に溶けやすい化学物質の毒性の場合はおおよそ当てはまると科学者は考えています。それは、ラットとヒトは同じ哺乳類であり、栄養素の代謝の仕組みや毒物の解毒の仕方もほぼ同じだからです。少なくとも、微生物とヒトの隔たりよりは、ラットとヒトの隔たりのほうがずっと小さいと考えられるからです。

そこで、だいたい成人の平均体重を50キログラムとすると、ソルビン酸のヒトに対する50％致死量は、およそ368グラムとなります。これを見て、科学者は、ソルビン酸はものすごく安全な物質である、と判定します。もし、368グラムのソルビン酸を、ソルビン酸含有量0・3％のチーズによって摂取しようとすれば、チーズを一気に123キログラムも食べなければなりません。こんなことはあり得ません。どんなにチーズ好きな人でも一度に1キロも食べませんよね。仮に食べたとしてもソルビン酸の摂取量は、50％致死量の百分の一以下です。すぐ肝臓が解毒してくれることでしょう。

急性毒性の他に、慢性毒性の検査というものもあります。これはある物質を一定量、長期間にわたって食べたときに何か異常が起きないか、あるいは子孫に影響が現れないかを調べるものです。慢性毒性は、特に、水に溶けにくい（そのかわり油の中にとけ込みやすい）、あるいは重金属のような物質については要注意です。身体の脂肪などに蓄積しやすく、長期にわたって作用を発揮する可能性があるからです。ソルビン酸のように水溶性の高い物質は、むしろすぐに分解・解毒の経路に乗りやすく体外に排出されやすいものなので、慢性毒性の危険性は低いと考えられます。実際、ソルビン酸に慢性毒性があるとのデータは見当たりません。

インビトロの実験

でも、とみなさんは食い下がりますか。相手の言い分にすぐに納得せず、粘り強い追究を行うこともまたスタンダードな懐疑的知性のあり方ですよね。確かに、急性毒性や慢性毒性のテストでは、食品に添加されている程度のソルビン酸の量に害作用はないと判定されました。でも、それらの毒性テストで観察されるのは、死ぬかどうか、あるいは異常行動や病気が起こるかどうかなど、目で見てわかる非常にドラスティックな害作用だけですよね。もっと目で見えないレベル、たとえば細胞のレベルで、ソルビン酸はひそかに何らかの影響を与えているということはあり得ないのでしょうか。

そうですね。それはそのとおりです。そして個体のレベルでは顕著に観察されなくとも、もっとミクロなレベルで何か悪さをしているという可能性は確かにあり得ます。そこで科学者はちゃんと別のツールを用意しています。ミクロな世界に分け入って調べるツールです。それを普通、科学者は、インビトロの実験と呼んでいます。ビトロ（vitro）とは、「ビードロを吹く女」という有名な浮世絵がありますが、あのビードロと同じ、ガラスという意味です。つまり、インビトロとは、試験管内での実験方法を指します。ただね、現代の実験室ではもうほとんどガラス器具というものを使ってはいないのです。ほとんどが使い捨てのプラスティック器具に置き換わっています。そのほうが、衛生的でかつ便利だからです。

ではここにシャーレを何セットか用意してみました。シャーレとはこのような円形の蓋と胴でできた直径8センチほどの透明な容器です。この中で、食品を腐敗させる微生物を培養することができるのです。微生物の生育に必要な栄養素をたっぷり含んだ培養液を用意します。これに寒天の粉を少々加えて、加熱殺菌します。寒天は熱で溶けて培養液と混ざります。これをシャーレの中にすばやく薄く流し込むのです。蓋をしてしばらくさますとシャーレの中で寒天が固まります。〝にごり〟に似ていますよね。培養液も寒天も加熱殺菌されていますし、清潔な実験室の中で熟達の手がすばやく操作していますので、シャーレの中は無菌状態です。ですからこのまま放置しても何事も起こりません。

では、今度はこの寒天の上に、一滴、この液を垂らしてから、先端を丸めた清潔なガラス棒で薄く液を広げてみましょう。この液は何かって？　ここには微生物が希釈されています。食品を腐らせる大腸菌や黄色ぶどう球菌といった微生物たちがとけ込んでいる溶液です。もちろん微生物は小さすぎるので、いくら目を凝らしても何も見えません。今はね。では、寒天が乾燥しないようにシャーレの蓋を閉めて一晩待ってみましょうか。

このまま一晩待つと講義が終わってしまうので、料理番組のようですが、こちらに一晩経過したシャーレをあらかじめ準備してきました。うわ、って感じですよね。シャーレの中の寒天の表面には、白い点々がいっぱい広がっています。直径1ミリか2ミリ程度の円形のぷくっとしたカタマリですよね。この白い点のひとつひとつが微生物の大集団です。昨日、ここに塗りつけたときには目で見ることができなかった微生物が倍々・倍々・倍々に増殖して、それぞれ大集団を作ったのです。

では今度は、このシャーレを見てください。寒天の上にはきれいに何も見えません。でも、何もしていないわけではないのです。白い点々がいっぱい広がっているさきほどのシャーレと全く同じように、昨日、微生物がとけ込んでいる溶液を一滴垂らして、ガラス棒で広げてあるのです。でも微生物は全然増殖していませんよね。白い点はひとつもできていないのです。なぜでしょうか。

それは、この寒天の中の培養液には、ソルビン酸が0・3％だけ添加してあるからです。ソルビン酸の存在によって代謝経路を寸断された微生物たちは生育がブロックされて増殖できないのです。だからシャーレはまるで何事もなかったようにクリーンに見えるのです。

ヒトの細胞で実験してみると

ここまでの話であれば、当たり前のことで、それがどうしたのという感じですよね。でも実は、実験はまだ前半戦が終わっただけなのです。これと全く同じ実験をヒトの細胞を使って行うことができるのです。

ヒトの細胞は、ヒトの身体から引き離してシャーレの上に移すと大半はすぐに死んでしまいます。でも中にはシャーレの上でもどんどん増え続けることのできる細胞がまれにあります。皮膚の細胞、肝臓の細胞など分裂する能力の高い細胞がそうです。

このような細胞の中には、シャーレの中に栄養素を含んだ温かい液と十分な量の酸素が供給されていると、シャーレの底面に張りついて二分裂、四分裂と増殖していくことができるものがあります。もちろん微生物のように1時間に一回分裂するなどという高速度では増えません。せいぜい10時間に一回、あるいはもっとゆっくりしか分裂できません。でもなにはともあれ、ヒトの細胞を〝インビトロ〟に飼うことができるわけです。

そうなれば、いろいろな物質の作用を直接、調べることができることになります。液の中にソルビン酸を好きな量だけ添加して、そのあと時間経過にそって顕微鏡で細胞の形態に変化がないかどうか観察することができます。ヒトの細胞は、微生物たちよりは大きなサイズですが、それでも直径0・03ミリメートル程度しかないので肉眼では見えません。でも光学顕微鏡を使うと数百倍に拡大できますのでその姿をくっきり見ることができます。シャーレを顕微鏡のステージに置けば、その底に張りついたヒトの細胞を生きたまま観察することができます。

ソルビン酸の害作用がもしあるとすれば、それは細胞の微小な形態の変化となって現れる可能性があります。正常な細胞なら星形のきれいな形をしているのに、いびつな形だったり丸まってしまったり、あるいは細胞は調子が悪くなるとうまくシャーレの底面に張りついていることができなくなって浮き上がってしまうこともあります。しかし微生物の生育をストップさせる程度のソルビン酸の濃度では、ヒトの細胞に何の変化もありませんでした。

インビトロの実験の有利な点は、顕微鏡観察だけでなく、ヒトの細胞に対してさまざまな生化学的なアプローチを直接行いうることです。細胞の一部を採取して、各種の酵素の働きを測定したり、呼吸の程度やエネルギー代謝の調子を見ることもできます。あるいはDNAに異常が現れていないか、細胞分裂に際してDNAがちゃんとした速度で複製されているかなどを精査することも簡単にできます。

ソルビン酸は食品添加物に使用されている程度の量では、いずれのパラメータについてもヒトの細胞に対して害作用を及ぼしていることを示すデータを見出すことができませんでした。つまり精密なインビトロ実験によっても、ソルビン酸の安全性は確かめられたのです。よかったですね。

腸内細菌と人間の共生

でも本当にこれでよかったのでしょうか。私はここで部分と全体ということを考えてみたいと思うのです。

たしかにソルビン酸は微生物に対しては毒として作用するが、ヒトの細胞には毒にはならない。インビトロによるヒトの細胞への直接実験でこのことは証明されました。しかしそれは部分的な視野にもとづく思考であるといえるのです。なぜなら、私たち人間は実は一人で生きているのではないからです。でもこれは倫理的な意味で言っているのではありません。生物学的な意味で言っているのです。私たち人間は、他の生命と共生しながら、相互作用しながら生きているのです。

この講義の一番最初に、私は、微生物はありとあらゆる場所におり、私たちの皮膚の上にも存在しているといいました。皮膚が内側に折りたたまれた私たちの消化管内、ここにも大量の微生物が棲息しています。これらは腸内細菌と呼ばれる微生物です。腸内細菌は私たちが生まれた後、外界からやってきて消化管の壁に棲み着きます。そして私たちが食べた食物のうわまえをはねて、暖かな環境でぬくぬくと生育しています。しかし、無限に増えたり毒素を出すことはなく、自らの分をわきまえて一定の安定したコロニーを維持して存在しつづけます。

では、彼らはそこで栄養素をかすめ取っているだけのパラサイトなのか。否です。パラサイトとは一方的な寄生です。もしみなさんが、親の家に住んで安寧と食物を片務的に享受しているならそれは立派なパラサイトです。でも腸内細菌はパラサイトではなく、人間と「共生」しているのです。寄生と共生の違いはなんでしょうか。それは、一方的な搾取か相互応酬的かということです。

では、腸内細菌は人間に何をもたらしているのでしょうか。それは安定した消化管内環境の提供です。腸内細菌群は消化管において一種のバリアーとして働き、危険な外来微生物の増殖や侵入を防ぎ、日常的な整腸作用を行ってくれています。

私たちヒトは全身の細胞をすべて数えるとおよそ六十兆個からなっているといわれています。しかし、ヒトひとりの消化管内に巣くっている腸内細菌の数はなんと百二十兆〜百八十兆個にも達していると推定されるのです。つまり私たちは自分自身の三倍もの生命と共生しているわけです。その活動量たるや尋常なものではありません。

私たちの大便は、だから単に消化しきれなかった食物の残りかすではないのです。大便の大半は腸内細菌の死骸と彼らが巣くっていた消化管上皮細胞の剥落(はくらく)物、そして私たち自身の身体の分解産物の混合体です。ですから消化管を微視的に見ると、どこからが自分の身体でどこかららが微生物なのか実は判然としません。ものすごく大量の分子がものすごい速度で刻一刻、交換されているその界面の境界は、実は曖昧なもの、きわめて動的なものなのです。

見えないリスク

ソルビン酸は実にこの不明瞭な界面にあって、腸内細菌に対して影響を及ぼすことによって、間接的に人体に害作用を及ぼす可能性があります。

たとえば風邪を引いたとき私たちは抗生物質を飲みます。抗生物質は微生物に対する強力な代謝阻害剤です。これによって感染症をもたらす微生物（病原細菌）を制圧します。しかし抗生物質を服用するとその不可避的な副作用として、便秘や下痢が起こることが知られています。それは抗生物質を飲むとまず第一に消化管内で腸内細菌叢に制圧的に作用し、コロニーが乱され整腸作用が変調するためだと考えられています。これと同じことがソルビン酸によっても起こる可能性があります。ソルビン酸も抗生物質も微生物に対する代謝阻害剤だからです。とはいえソルビン酸は抗生物質に較べるとずっと弱めの阻害剤です。

しかし一過性の抗生物質とは異なり、ソルビン酸は弱いとはいえ長期間、ずっと継続的に摂取するタイプの化学物質です。抗生物質によって一時的に制圧されても腸内細菌は抗生物質の服用が終われば、また復活して安定なコロニーを形成します。しかしソルビン酸のような、弱いながらも制圧作用を有する化学物質が長期間、日常的に腸内細菌叢に与える影響については全く解明できているとはいえません。腸内細菌のバリアーの破れに乗じて、外来の、より毒性の強い微生物が侵入する可能性があります。長期的な整腸作用の撹乱が身体にどのような影響をもたらすのかも不明です。なんといってもソルビン酸がこのように広範囲に加工食品に添加され始めてから、それほど長い年月が経過しているわけではないのですから。

私はここで何も、だからコンビニのサンドイッチを買ってはいけないと主張しているのではありません。ソルビン酸は、いつでもどこでも安価なサンドイッチが食べられるという便利さ＝ベネフィットと引き換えに、最低限度の必要悪＝リスクとして使用されているわけです。そしてソルビン酸の健康に対するリスクはそれほど大きいものとはいえません。ですから、リスク—ベネフィットのバランスを納得した上で、その便利さを享受するという選択はもちろん成り立ちます。

問題なのは、現代の私たちの身のまわりでは、リスクが極めて小声でしか囁かれない、むしろわざと見えないようにされがちであるということです。ソルビン酸は、加工食品の後ろに貼られているラベルの中にごく細かな字でしか表記されていません。そして私たちの多くはそこに注意を全く払っていないし、たとえソルビン酸という文字を見たとしてもその間接的な作用にまでは想像力が届かないということです。

生命をかき分け、そこだけ取り出して直接調べるという、一見、解像度の高いインビトロの実験。しかしインビトロの実験は、ものごとの間接的なふるまいについて何の情報ももたらしてはくれません。ヒトの細胞はそこでは全体から切り離されているからです。本来、細胞がもっていたはずの相互作用が、シャーレの外周線に沿ってきれいに切断されているのです。あたかもコッレール美術館にひっそりと飾られているコルティジャーネのように。

時間となりましたので今日の講義はここまでとしましょう。

第4章　ＥＳ細胞とガン細胞

> 私は、敬遠されるタイプの研究者だと思う。その理由は、この時代に分子や遺伝子を毛嫌いし、細胞をむやみに擬人化した妙な感情移入を止めず、その非科学的な語り口は鼻につき、聞くに堪えない。良いことも言っているんだろうけれど、あれではそれも帳消しだ、といったところだろう。
>
> （団まりな「あえて擬人的表現の勧め」）

マップラバーとマップヘイター

おおよそ世の中の人間の性向は、マップラバーとマップヘイターに二分類することができる。夫婦のうち一人が前者で、他方が後者である場合、ドライブなどに行こうものならたちまち険悪な雰囲気となる。「ちゃんと地図を見ろ」「見てるわよ」「曲がるならもっと早く言え」「だって近づかないとわからないもん」という具合に。

マップラバー（map lover）はその名のとおり、地図が大好き。百貨店に行けばまず売り場案内板（フロアプラン）に直行する。自分の位置と目的の店の位置を定めないと行動が始まらない。

マップラバーは起点、終点、上流、下流、東西南北をこよなく愛する。だから、「現在地」の赤丸表示が消えてなどいようものなら(皆がさわるのでしばしばこういうことがある)、もうそれだけでイライラする。

対する、マップヘイター(map hater)。自分の行きたいところに行くのに地図や案内板など全くたよりにしない。むしろ地図など面倒くさいものは見ない。百貨店に入ると勘だけでやみくもに歩き出し、それでいてちゃんと目的場所を見つけられる。二度目なら確実に最短距離で直行できる。だって、アンティークショップの角を曲がって、メガネ屋さんを過ぎた左側って、前に行ったとおりだもの。(ちなみに、この会話は純粋に例示的なものであり、男と女の性向の差を示唆する意図は全くありません。念のため。)

マップラバーは鳥瞰的に世界を知ることが好きなのだ。やっぱりそのほうが安心できる。マップヘイターは世界の全体像なんか全然いらない。私と前後左右。自分との関係性だけで十分やっていける。だって、そのほうが簡単じゃない。

一見、マップラバーのほうが理知的で、かっこよく見えませんか? しかし、実は、マップラバーこそが、方向オンチで、道に迷いやすい。山で遭難するとしたらまずマップラバーのほう。地図上で自分の位置が定位できないともう生きていけない。どちらへ歩き出していいか皆目わからなくなってしまう。

ジグソーパズルをどう作るか

　さて、ここで唐突ながら、ジグソーパズルを思い出していただきたい。ちなみに、前著『生物と無生物のあいだ』で私はジグソーパズルに関するある話を書いた。紛失したピースをわざわざ提供してくれるというパズルメーカーのサービスについて。紛失したピースのまわりを囲む八つのピースを、崩れないようラップ等でくるんでメーカーに送ると、欠けた真ん中のピースをみつくろって、送り返してくれるという実に親切なサービスである。私はこれを生命現象が採用している相補性のたとえ、つまり分子と分子、あるいは細胞と細胞が互いに他を認識している仕組みの例として書いたのだった。

　ある日、私のもとにいくつかの小包が届いた。開けてみると何種類ものジグソーパズルだった。たまたま私の著書を知った当該のジグソーパズルメーカーが（お手紙によれば、正確には、取引先の銀行が教えてくれたそうである。銀行おそるべし）、私がジグソーファンに違いないと確信して最新のパズルをプレゼントしてくれたのだった。つまむのも困難なくらい細かいピースからなっているミクロなジグソー（専用ピンセットが付属品として入れてある）、できあがると球体が構成される３Ｄジグソー。パズルの世界の進歩に驚かされたが、いまだに完成には至っていない。

マップラバーとマップヘイターのありようを考えるとき、彼ら彼女ら（順不同）がジグソーパズルをどのように作るかを想像してみるといい。ラバーとヘイターが選んでいる行動原理がよくわかる。

箱の表面に印刷してある完成図の絵柄をよく見て、夕日の部分のオレンジ色のピースを集める、船の絵柄と思われる赤や白の細かな絵柄を集める、枠を構成するはずの、縁に直線構造を持つものを別に拾い出す。このような行動原理は基本的にマップラバーのものである。鳥瞰的な全体像と局所的な現場を行き来しながら、世界を構築していこうとする。

一方、マップヘイターならどのようにジグソーパズルを作るだろうか。もちろんこれは思考実験なので、実際、そのようにパズルを作る人が存在するかどうかはまた別問題である。さて、マップヘイターにとって完成図は必要ない。マップヘイターは、ピースをひとつ選び出すと、やみくもに他のピースの山から、最初に選んだピースと合致するピースを探し出すことに専念する。そしてピースのまわりを囲む八つのピースを見つけ出す（ピースが外枠に接している場合は五つ、角に位置する場合は三つ）。それができると次のピースについて同じことを行う。

これは一見、とても能率が悪い作業のようにうつる。しかし必ずしもそうとはいえない。まず行動のルールが単純である。自分の形と合致するかしないか。しなければ次の試行にうつる。

そしてもう一つ重要なことは、作業に、全体と部分という関係性が必要ないことである。個々のピースは、自分が全体のどの部分に定位しているかを知る必要がない。自分の背に描かれている図柄さえ知らなくてよいし、自分が夕日の一部か船の一部かは全く関知しなくていい。つまりマッピングの必要がない。それゆえに、各ピースは、自分とごく近い周囲との関係性だけを手がかりに、世界全体を構築していけることになる。そこに分散的なふるまいの契機がある。

今、数千ピースからなるジグソーパズルを作ろうとするとき、百人からなるマップラバーチームと同数からなるマップヘイターチームが、それぞれ一セットずつパズルを与えられて競争したとしよう。おそらくマップラバーチームは、誰が何をするか決めるだけで大変な騒ぎになるだろう。

しかしマップヘイターチームはすぐに作業に着手でき、あとはただ黙々とそれを進めればよい。自分のピースと形が合えば手元でそれをはめこみ、合わなければ真ん中の山に投げ返す。最初はなかなか進展しないようでも、徐々に山は減っていき、手元の図形は広がっていく。山が消えたあとは、マップヘイター同士が、フォークダンスのように入れ替わりながら図形を持ち寄って、相互の相補性を探していけば、やがて全体はつながり合うことだろう。このときでさえマップヘイターは、パズル全体の絵柄を知る必要はない。

細胞は互いに「空気」を読んでいる

実は、マップヘイターが採用しているこの分散的な行動原理は、全体像をあらかじめ知った上でないと自分を定位できずに行動もできないマップラバーのそれに比べて、生物学的に見てとても重要な原理なのである。そして、私たちの身体が六十兆個の細胞からなっていることを考えるとき、それぞれの細胞が行っているふるまい方はまさにこういうことなのである。鳥瞰的な全体像を知るマップラバーはどこにもいない。細胞はそれぞれ究極のマップヘイターなのだ。

でも、読者の中にはこう思う方もいるかもしれない。それぞれの細胞はちゃんとDNAという設計図をもっているはず。どの細胞も同じDNAを持ち、それは全体像を示すマップではないのか、と。

否。DNAは全体像を示すマップではない。実行命令が書かれたプログラムでもない。せいぜいカタログがいいところだ。

すべての細胞はたったひとつの細胞から出発する。受精卵。受精卵は細胞分裂によって二細胞となり、DNAをはじめすべての細胞内小器官がコピーされ均等に分配される。

次いで、同じことが起きる。四細胞。分裂は繰り返され、細胞数は倍々に増えていく。八、十六、三十二、六十四、百二十八……。

このとき細胞は何をしているのか。彼らは互いに自分のまわりの空気を読んでいるのである。空気を読むという比喩が突飛すぎるのであれば、交信といってもよい。

細胞は細胞膜という薄いシートに包まれている。最初は滑らかだったシートの表面は細胞の分裂が進むにつれ、徐々に荒れてくる。微小な凹凸が生じてくるのだ。ちょうどジグソーパズルのピースのように。その詳細はなお明らかではない。しかし非常に単純化していえば、およそ次のようなことが生じることがわかっている。

おそらく受精卵が細胞数にして数十から数百になる頃、それは分裂回数にしてほんの数回分の期間だが、そのクリティカルなタイミングに、ある細胞がその表面に、たまたま他の細胞にわずかだけ率先して、特別な形の突起を提示する。するとそれに呼応して隣接した細胞はその突起の形に相補的な形の陥没を提示し、両者は相補的に結合する。突起や陥没はタンパク質でできた細胞膜上の小さな分子である。それらが結合したとき双方の細胞に交信がなされる。それは次のような会話である。

「君が皮膚の細胞になるのなら、僕は内臓の細胞になるよ」

「君が内臓の細胞になるのなら、僕は皮膚の細胞になるよ」

細胞表面の突起物と陥没物とのあいだの相補的な結合は、互いに他を規定するように、つまり排他的に働く。無個性だった細胞群の中に、このとき初めて差異の契機が生まれる。

突起と陥没の結合は、それぞれの細胞に異なる信号をもたらす。突起を提示した細胞は、交信に応答して、その細胞内のDNAという名のカタログのページをめくってそこからAとBという部品を選び出す。陥没を提示した細胞は、交信に応答して、その細胞内のDNAという名のカタログの別のページをめくってそこからCとDという部品を選び出す。AとBは細胞を皮膚の細胞へと導き、CとDは細胞を内臓の細胞へと導く。

このプロセスは分裂の段階を経れば経るほどより差異の程度を細分化していく。新たな分裂によって生じた細胞は、近隣の細胞とのあいだに細胞表面の凹凸を介した新しい交信を行う。

交信は新しい排他的な変化を双方にもたらす。皮膚へと運命づけられた細胞群はさらに毛髪、爪、汗腺、あるいは神経などへ、すこしずつ差異を枝分かれさせていく。つまりその都度、細胞内でどの部品をカタログから採用するか、その異なるレパートリーが選びとられていく。内臓へと運命づけられた細胞群もまた同様である。交信による排他的な変化は、隣とは違う自分を作り出す。肺、消化管、肝臓、膵臓、尿路。そのような臓器や組織はすべて同じ起源を持つ、異なる変奏曲として作り出される。

すべての細胞は同じカタログブックを持っている。しかしそこから選び出された部品のレパートリーが異なる。これが細胞の個性を作る。そしてその選び出し方は、近隣の細胞との交信の結果、互いに他を規制する形で差異化されていく。

この間、どの細胞ひとつとってみても身体の全体像を把握しているものはいない。マップヘイターとはこういうことである。

各細胞は、非常に単純な排他的行動ルールに従って、隣接した細胞とだけ交信し、その結果、排他的に自らを変化させる。しかし、各細胞がこの運動を完成させたとき、鳥瞰的な視点から全体を見下ろすと、そこには絵柄が浮かび上がって見えるのだ。まるで誰かが指揮をしていたかのような秩序をもって。しかし指揮者、つまりマップラバーは、このプロセスの最初から最後までどこにも存在していない。

自分を探し続ける細胞

それでは、この細胞分化のクリティカルな一時期に、分裂しつつある細胞の塊を人為的にバラバラにしてしまったら？

細胞は互いにまわりの空気を読んで、自分のあり方を決めていたのだから、バラされて前後左右上下の細胞との相互作用が失われてしまうと、自分が何になるべきかわからなくなる。実際、発生のさなかにある細胞の塊、つまり初期胚を、化学薬品の力を借りて個々の細胞に分け、それを培養液を入れたシャーレの中に分散すると、孤独になった細胞はまわりの空気が読めず、自分を見失ってほどなく死滅してしまう。たとえ栄養分と酸素が十分にあったとしても。

しかしバラすタイミングをすこしずつ変え、バラし方をできるだけ穏和な方法にし、また培養液の組成やクッションとなるシャーレの底面に工夫をほどこして、繰り返し繰り返し、この実験を試みた人たちがいた。どの試行においてもバラされた細胞はすぐに死んでしまった。ところが。あるとき、ある特別な条件でこの操作を行うと、ほとんどすべての細胞が死に絶えたにもかかわらず、ほんのわずかな細胞だけが生き残ったのである。

その細胞はもちろんマップヘイターである。たよりにしているのはまわりの空気だ。しかし空気を読むべきまわりに細胞はいない。ではどうしたか。何になるべきか自分を見失ったまま、分裂することだけはやめない、そのような細胞となったのである。

この細胞は無個性なまま、自分を探し続ける。そしてシャーレの中で増え続ける。やがて驚くべきことがわかった。別の受精卵から発生した初期胚の中に、微小なガラスピペットを使って、この細胞を入れてやる。一体何が起こったか。自分探しを続けていた細胞に突然、まわりの空気が現れたのだ。交信が再開された。初期胚にとって、この細胞は本来よそものであったはずなのに、初期胚でたまたま隣人となった細胞たちもまたこの細胞を受け入れて会話を行いはじめたのだ。

「こんにちは、ちょっと入れてください。あなたがそっちへ行かれるのなら、私はこっちへ進みます」

「新入りさん、突然ですね、でもあなたがそういわれるのならそうしてください。私たちもそれなりに対応しますから」

そしてこの初期胚は、過分も不足もない健康な個体となったのである。自分探しをしていた細胞は、まったく自然に、周囲にとけ込んで己の分際を悟り、その道を進んだ。つまり分化したのである。この細胞こそが世に名高いエンブリオニック・ステム・セル、すなわちＥＳ細胞である。

ES細胞の進路はコントロールできるか

空気が読めず、自分探しをしていたES細胞は、新しい初期胚に出会って、空気が読める環境におかれると、そこから再出発してありとあらゆる細胞になることができる。脳にでも、心臓にでも、精子や卵子にでも。ESはKY（空気が読めない）なれど、それゆえにこそ、ひとたび適切な空気に触れると、その万能性を発揮するのだ。

問題は、その空気が何であるかによる。初期胚に、ES細胞を入れ込むとき、微小ピペットの先からこぼれ出た場所がどこになるのか、それは全く制御不能である。つまりES細胞の新しい隣人が誰になるのかは全く運次第となる。その隣人との交信によってES細胞の行く末は決まるが、それが何なのかはあらかじめ制御できない。

だから、ES細胞の研究者たちが必死に目指していることは、ES細胞にどのような空気を与えれば、どのような進路をとるのか、それを見極め、その方向を制御できるようにすることである。

初期胚の中に入れたES細胞の運命は風まかせとなる。だから、研究者たちは、初期胚の環境をシャーレの中に再現したいと考えている。どのような交信がなされたとき、ES細胞は神経になるのか、どんな刺激を受けたとき、ES細胞は心臓の細胞になるのか。ありとあらゆる化学物質やタンパク質が、シャーレの中のES細胞にふりかけられ、ES

細胞がどのようにその空気を読むかが調べられた。つまり初期胚の中で起きている細胞と細胞の交信を擬似的にまねてみようとしているのだ。

あるときは確かにシャーレの中でＥＳ細胞は長い突起を伸ばし始め、あたかも神経細胞のように変化した。また別のときはＥＳ細胞は、ぴくぴくと律動をはじめ、まるで心臓の筋肉細胞のようにふるまった。確かにＥＳ細胞は何にでもなりうる潜在力を持った万能の細胞なのである。

しかしそれは常に部分的な変化に留まった。同じ物質を、同じ刺激を与えても、シャーレの中のすべてのＥＳ細胞が、すべて神経細胞に一斉に変化することはない。すべてのＥＳ細胞が、すべて心筋細胞に分化することはない。多くの場合、わずか数パーセントの細胞が変化を示すだけである。どんなにうまくいった場合でもせいぜい数十パーセントどまり。同じことを行っても同じ率で変化が起こるとも限らない。ましてやＥＳ細胞から構造をもった組織や臓器がつくりだせたためしはない。

初期胚の内部で進行する細胞間の交信は、空間的な広がりをもち、複数の会話による。しかもそれは、双方的かつ相互に排他的である。それをシャーレの中で、細胞を薬剤にさらすことによって、つまり単一平面だけの中で、しかも一方向の刺激によって再現することには限界があるのは当然である。

もうひとつの問題点はタイミングである。ES細胞は、初期胚のクリティカルなある一時点で、細胞をバラしたことから取り出されたものである。それはまさに細胞同士が会話をしかかった時点だ。だからES細胞を再び分化させるためには、初期胚に導入するタイミングが決め手となる。

初期胚の中で細胞同士が交信しあう時点。かりにこれを逸したらどうなるだろうか。ES細胞を、分化がずっと進行してしまった状態の後期の胚や、あるいはもっと進んで生物の形を成しはじめた胎児、さらには成体の中に入れてやると一体何が起こるだろうか。

初期胚を構成する細胞たちは、そのクリティカルな一時点を過ぎると、相互交信の結果、分担と自分の進むべき道を決め、それをたどりはじめる。細胞間の相互作用はその後も頻繁に繰り返されるが、それは一度、大きな進路が決まったあとの細い岐路の選択のために行われる。だから、もし、もっと基本的な進路選択、つまりよりプリミティブな会話を欲しているES細胞が、そのような「進んだ会話」の空気の中に突然放り込まれたら。言葉はもはや通じないのである。ES細胞はしかたなく、読めない空気の中で再び自分探しを続けるしかない。

ガン細胞とES細胞は紙一重

実は、私たちはすでにそのような細胞をずっと昔から知っている。ガン細胞である。ガン細胞は一度は何者かになったことのある細胞だ。肝臓の細胞、膵臓の細胞、肺の細胞。しかしあるとき、自分の分を見失い、自分探しを再開する。自分を探しつつ、無限の増殖だけはやめない細胞。それがガン細胞だ。

細胞は分化を果たすと一般に分裂をやめるか、その分裂速度を緩める。つまり自分が何者であるかを知り、落ち着くわけである。おそらく、分化が完了するということ自体、ジグソーパズルのピースが自らを定位したということと同じだからである。ちょうどジグソーパズルのあるピースが周囲八つのピースとの間に、過不足のない、排他的な、そして相補的な関係性を完成させたということである。このときまわりを囲まれたことが、分裂の停止命令として細胞に働く。ここでも細胞はまわりの空気を読んでいるのだ。

培養シャーレの底面に広がる一層の細胞のふるまいにもこれに似た現象が観察できる。細胞は増殖を繰り返して倍加し、シャーレの一点から周囲に向かって徐々にコロニーを広げていく。周囲を他の細胞に取り囲まれた、コロニー内部の細胞はもはや分裂しなくなる。分裂するのはコロニーの一番外縁の細胞だけである。彼らは読むべき空気をもたらす他者が隣にくるまで増殖を繰り返す。やがて外縁の細胞は、シャーレの壁面に到達する。

そのとき細胞は、それが物言わぬプラスティックの壁であっても、その暗黙の空気を読み、増殖を停止するのだ。これはコンタクト・インヒビション（接触による増殖阻害）として知られる現象である。

ガン細胞は、あるとき急に、周囲の空気が読めなくなった細胞、停止命令が聞こえなくなった細胞であると定義できる。コンタクト・インヒビションが作動しなくなった細胞であるガン細胞は、周囲のジグソーピースの上に重なるように、あるいはそれを乗り越えるように多層に積み重なりながら分裂を続行し、無限の増殖を果たす。やがてそれはジグソーパズル全体の生命を損なうにいたる。

周囲の空気が読めなくなった細胞。ES細胞は、クリティカルなタイミングで初期胚の中に入ったとき、隣人となった細胞との間に会話を成立させることができ、己の分を知りうる。

しかし先に記したように、ES細胞を、初期胚以外の段階にある生命体の中に入れたとき何が生じるか。分化の程度が進んだ後期の胚や胎児、あるいは成体の中に入ったES細胞は、まわりの空気を読むことができず、増え続けることしかできない。言葉が通じない世界では、ES細胞はガン細胞になるしかないのだ。実際、成体内に実験的に移植したES細胞はしばしば腫瘍化することがわかっている。

ガンの究極的な治療法があるとすれば、それはまわりの空気が読めなくなったガン細胞に、再び適切な空気を読ませ、自分の分を思い出させるということにつきる。

だから、ガン細胞の研究者たちが、過去何十年にもわたって必死に目指してきたことは、ガン細胞にどのような空気を与えれば、どのような進路をとるのか、それを見極め、その方向を制御することだった。そして現在もまだ、その方法は見出されてはいない。

ＥＳ細胞とガン細胞は似ている。紙一重といってもよい。今なお、私たちは、ガン細胞を十分コントロールすることができない。それと全く同程度にしか、私たちはＥＳ細胞をコントロールしえないであろう。

私はいささか細胞を擬人化しすぎているかもしれない。そして細胞間の、微小で複雑な分子接着や情報伝達や遺伝子発現のあり方を、あまりにも簡略化して記述しているかもしれない。それはそのとおりである。しかし、擬人化しないとうまく伝えることができないふるまい、省略しないと的確に表せない現象というものが生命の中にはある。これもまた確かなことなのである。

絵柄は高い視点から見下ろしたときだけ、そのように見えるのであり、私たち人間は、そのような絵柄として生物を見な**い**している。心臓の細胞は、心臓の形や大きさを知らない。心臓の細胞は、自らが一個の細胞から出発してできた個体の一部であることは知っているかもしれないが、心臓の一部であることを知らない。なぜなら心臓とは、われわれマップラバーが人体を見下ろしたとき見える絵柄に過ぎないからである。

渡辺剛さんから電話をいただいたのはそんなときだった。写真家と名乗る彼を私は知らなかった。見てもらいたいものがあるのです、と彼はいった。

第5章　トランス・プランテーション

私はかかとで考えてるのかも知れへんし・肩甲骨で考えてるのかも知れへんし・もしかしたらベタに目玉で考えてるのやも知れませんし・でもってそれらのどれもが欠けたことがないのであってこれはじっさい、大変やあ・ほかにも細胞のいっこいっこが考えてそれがどっかに集合してるというような手もあるけども・いったいどこ部に集合してるの・これはこれで大変やあ・これはすべて並列な可能性・なので私は・鏡の奥に映して見える・鏡の奥に映せば見える・この奥歯を私であると決めたのです

（川上未映子『わたくし率 イン 歯ー、または世界』）

境界のこちら側と向こう側

私はその写真を見たとき、いささか戸惑わずにはいられなかった。どのように見ればよいのかわからなかったからである。

渡辺剛さんの写真はどれも二枚一組になっていた。『Border and Sight』と題されたこ

れらの作品群は、国境（あるいはそれに準じた、異なる政治的領土が隣り合う場所）のある地点を、双方の視座から眺めたものである（次頁）。

アメリカとメキシコの国境を撮影した写真には、浜辺から海に向けて、低い古びた板塀が延びているのが見える。それほど長くはなく海上で途切れている。ちょっと海に入り、塀のへさきを泳いで回れば容易に行き来できそうな雰囲気ではある。しかし、渡辺さんが撮影のために、アメリカ側のこの区域に接近すると、どこからともなく黒い大きなヘリコプターが爆音を立てて現れ、威嚇的な監視を開始したという。

塀のへさきをちょっと泳いで回るつもりはもちろんない。彼らを警戒させる意図など全くないことを示すため、写真をとり終えた後、ゆっくり、神妙に後退してヘリコプターをやり過ごした。そしてこの地を離れた。米国内の拠点空港へ行き、そこから出国した。数時間のフライトのあと、着陸した空港のパスポートコントロールで新たな入国の手続きを行い、メキシコへ入った。そのあと車を長時間運転して、ようやく渡辺さんは塀の向こう側からこちらを写すことができたのである。

北アイルランドのプロテスタント地区とカソリック地区の境界を、あるいは、ボスニア・ヘルツェゴビナとセルビアの国境を撮影したときも同じだった。渡辺剛さんは時間と手間と労力を惜しまず、境界のこちら側から向こう側へ苦労して回り、同じ時刻、同じ天

U.S.A.-MEXICO#3《Border and Sight》(original in color)
©GO WATANABE

PROTESTANT AREA-CATHOLIC AREA#3(BELFAST)
《Border and Sight》(original in color) ©GO WATANABE

候、同じ光を選んでそれぞれから他方を眺める写真を撮影した。

渡辺剛さんはもちろん自分が撮影している写真の意味を正確に理解していたはずだ。おそらく彼は、ただ、そのことを別の文体で言い直してくれる、そのような何かを求めていたのだろう。彼はたまたま、何かに書いた私の文章に目を留め、そして、何が得られるかわからないまま話がしてみたいといってきたのだった。

私は思っていることを自分でも確認しながら、とつとつと渡辺剛さんに話した。当時、私がおぼろげながら考えていたことはこんなことだった。生命現象に「部分」と呼べるものは、ほんとうは実在しない。ある部分（パーツ）がある機能を担っているとする考え方は、鳥瞰的な視点からの、マップラバーによる見立てにすぎない。

鼻はどこまでが鼻か

頭足人、というものがある。発達教育学の用語だという。幼児が人間の絵を描くとだいたい頭足人になる。大きな頭に、目と鼻と口。ちょっと気の利いた子なら髪の毛を加える。そして頭から直接、線で手足がつく。胴、というものが幼児に見えないことはそれなりに興味深いことだが、それ以上に、二歳か三歳の子供であってもすでに、顔には、目、鼻、口といったパーツの存在を認めているという事実に驚かされる。彼らはすでに部分を見ているのである。

ちょっとした思考実験を行ってみたい。今、非常に優秀な外科医が現れて、〝鼻〟の移植手術を考えたとしよう。鼻は嗅覚という機能を担うボディパーツである。外科医の巧みなメスは、鼻を摘出するために、ちょうど幼児が描いたような三角形の線にそって顔の真ん中から鼻を切り離そうとする。だが、しかし、メスは一体、どこまで深くえぐりとれば、人体から鼻を取り出すことができるだろうか。

私たちが鼻と呼んでいる顔中央の突起物は、鼻の穴の天蓋（てんがい）構造として飛び出しているだけで、重要なのは空気を取り入れるその空洞である。そして鼻の穴の奥の天井、嗅上皮と呼ばれる場所には、数百種類以上の匂いのレセプターが並んでいる。空気に乗って運ばれてきた匂い物質は、あるレセプターには強く結合し、別のレセプターには弱く結合する。レセプターを提示している細胞の裏からは神経線維が延びている。強い結合からは強い信号が、弱い結合からは弱い信号が発せられ、この神経線維を通じて電気的な情報が脳の嗅球へと遡行する。嗅球には多数の信号を集め、その強弱のパターンを解読する神経細胞群がある。よい匂い、いやな匂い、魅力的な匂い、危険な匂い。

頭足人

したがって外科医のメスは、もし鼻という嗅覚をつかさどる機能を切り出そうとすれば、必然的に、嗅上皮から神経線維、神経線維から嗅球、という具合に奥地へ奥地へとその深度を深めていかねばならなくなる。

しかし嗅覚は嗅球で終わるわけではない。よい匂いならそれに近づき、いやな匂いならそれを遠ざけ、魅力的な匂いならそれを追い、危険な匂いなら惹かれつつも警戒しなければならない。つまりそのために情報が下降するための神経経路が必要で、近づき、遠ざけ、追うための運動器官、筋肉や骨や関節の動きと協調の仕組みが必要になる。

外科医のメスは、身体中をくまなく巡り身体から嗅覚という機能を切り出すためには、結局、身体全体を取り出してくるしかないことに気づかされることになる。つまりこの思考実験で明らかにされることは、部分とは、部分という名の幻想であるということに他ならない。そういうことである。

鼻はどこかの工場で製造された機能モジュールではない。別途、作られた後、身体という筐体（きょうたい）の特定の部位にガチャンとはめ込まれた、そんな部分品ではないということである。鼻の生成はむしろ全く逆のプロセスなのだ。たったひとつの受精卵が発生とともにすこしずつ形を変えながら分化して形態が形成されていく。そこにあるのは、部品と部品の境界面ではない。連続しながら変化する細胞のグラデーションが存在しているだけだ。

そしてこのことは、心臓、膵臓、肝臓といった、個別性があるように見える臓器でも、本質的には全く同じことである。心臓、膵臓からは複雑な血管網や神経回路網が出発し、身体全体に広がっている。肝臓や膵臓には網目状の管組織が入り組み、消化管との間に連続的な通路を形成している。周囲の結合組織や腱組織とは密接な細胞間接着があり、それらの細胞は、臓器側に属しているとも、結合組織の側に属しているとも、正確には断定できない。

ここでも実在しているのは、たった一個の受精卵から出発した細胞の連続的なバリエーションだけである。そしてそのあいだには、絶え間のない、分子の交換、エネルギーの交換、そして情報の交換がある。つまりここで存在と呼べるものは、部品という物質そのものではなく、動的な平衡とその効果でしかない。

明確な仕切りはどこに？

彼の写真をはじめて見たとき、けれども、私はそれを一体どのように見ればよいのかすぐにはわからなかった。それが何を、どのように撮影したものかはもちろん理解できた。しかし、こちらから向こうを眺めた写真と、向こうからこちら側を眺めた写真とを二枚並べたとき、その二つの風景をうまく頭の中で統合することができなかったのである。複数のパノラマ写真をつなぐのとも違うし、むろん立体視写真のようなものでもない。二枚並べられた写真のそれぞれに写る塀が写真と写真のあいだに作りだす三角形の空間を、すんなり飲み込むことがどうしてもできなかった。

しばらくながめつすがめつして、私はあることに気がついた。そうだ。二つの写真を背中合わせに張り合わせてしまえばよいのだ。そして張り合わせた写真パネルを、垂直の支柱で支えて自立させるか、あるいは天井からハンギングすればよい。その上で、私はそのパネルのまわりを巡って両側から見ればいいのだ。面白い。こちらから向こうを眺め、くるりと裏側に回って向こうからこちらを眺める。私はいながらにして国境を自在に行き来している。パスポートも検札もいらない。

次の瞬間、私は意外なことに思い至った。本来、二つの写真のあいだを分断し、仕切っていたはずの国境は、いまや一体いずこにあるのだろう。

国境は、写真と写真の接着面に内包されて、どこにも存在しない、見えないものとなってしまっているではないか。高い国境の壁は、あるいは臓器の周囲の界面は、実のところ、それを仕切るとき、あるいは切り分けるとき、接着面からはじめて立ち上るものとしてそこに作り出されたものなのだ。

ついで渡辺剛さんは、『TRANSPLANT』と題された一連のシリーズ写真を撮影した。

彼の謂いは、文字どおり、植えかえられた（trans）植物（plant）のことである。アメリカの能天気な青い空のもと、忽然とならぶ白い石仏群。ブラジルの山間にひっそりたたずむ、赤いレンガ積みの家々と白い尖塔。あるいはシンガポールの高層ビルの谷間に覗く低い金色の丸いドーム。この奇妙な、一見、キッチュな取り合わせは一体なんだろうか。

アメリカのベトナム系移民居住区
C-US001《TRANSPLANT》(original in color)
©GO WATANABE

　それは、アメリカ社会の中にあるベトナム系移民居住区域の一角であり、ブラジルへドイツから渡ってきた人々の家と教会であり、あるいはシンガポールに住み着いたムスリムたちのモスクなのである。

　一方、彼は、ほんとうのトランスプラントの風景も写してみた。ハワイのコーヒー園。ここにあるコーヒーの樹木はもともとエチオピアやアラビア半島原産のものだという。マレーシアのオイルパームの林。地表には細い椰子の葉からこぼれた明るい陽が散らばっている。パームは西アフリカからもたらされた。あるいは、ブラジルの広大なバナナプランテーション。東南アジア原産のものだ。木々はいずれも青々と茂り、写真に添えられたレジェンドを読まない限り、それが世界のどこの風景かまったく判然としない。

ブラジルのドイツ系移民居住区
C-BR003《TRANSPLANT》(original in color)
©GO WATANABE

マレーシアのオイルパーム・プランテーション
P-MY006《TRANSPLANT》(original in color)
©GO WATANABE

歴史的な、あるいは経済的な理由で、人為的に切り取られ、移植された街や暮らし。そのような不整合に沿って、不可避的に生じる境界や界面。そこには確かに二つの世界が軋みあって生じた、雑音のようなものを示す何らかの手がかりはある。建物の意匠、垂れ幕の文字、人々の往来。

しかし、『Border and Sight』が、どこまでも続く高い壁や監視塔によって、私たちに示したような際立った緊張はどこにもない。つまり界面と境界を作る、明確な仕切りは不思議なことにいずこにも存在しない。境界面はすでに内部に折りたたまれ、そこを行き来する物品、言葉、そして人々が、それを穿ち、互いに陥入させ、溶かし、そして新たな平衡を生み出している。

この世界がもつ可塑性

TRANSPLANTの、現代的な字義は、臓器移植という意味である。先に述べたとおり、臓器は本来、切り離すことができず、はめ込むこともできない。私たちが臓器と呼んでいる「部分」と身体とのあいだには、機能的な境界は存在しないからである。分子レベルの物質的な基盤においても、酸素や栄養素といったエネルギー交換のレベルでも、神経系やホルモン系を介した情報交換のレベルにおいても、ボーダーはない。〈ここから切り離してください〉、そのようなことを許す点線はどこにも存在しない。

しかし今日、私たちは、脳幹が機能を停止した身体を「死体」と定義し、そこから部分を切り離し、それを機能的なモジュールとして、あるいは純粋な意味での個物(コモディティ)として、別の筐体に穿った穴にはめ込むことを行っている。

臓器移植が医療としてわずかな有効性を示しうるとすれば、それはこの技術の革新性がもたらしているものでは、おそらくない。生命が本来的にもっている可塑性に支えられているのである。

切り取られ、無理やりはめ込まれた部分としての臓器に対して、身体はその不整合ゆえに、けたたましい叫び声を上げる。激しい拒絶反応が起こり、異物排除のための攻撃が始まる。不連続な界面に、全身から白血球が集まり、抗体が生産され、炎症が発生する。移植臓器がこれに耐えかねた場合、臓器は壊死(えし)を起こし、その場にとどまれなくなる。

なんとか臓器が持ちこたえたとしても、免疫応答を抑え込むために、強力な免疫抑制剤が処方されなければならない。果てしない消耗戦であり、レシピエント（臓器の受け取り手）側は免疫能力全般のレベルダウンを余儀なくされる。新たな感染症におびえねばならない。

しかし、ここに奇妙な共存関係がなりたつこともある。レシピエントの免疫系は、やがてその攻撃の手を緩め、ある種の寛容さを示したかに見えるようになり、移植臓器も、完全にしっくりとは行かないまでも周囲の組織と折り合いをつけるようになる。まさに文字通り、植えかえられた植物のごとく、新たな根を張り、茎を伸ばして、血管系や神経系を徐々に再生して、代謝上の連携を結ぶようになる。ひととき、大きくかき乱された平衡は、徐々に新たな平衡点を見つけるのだ。生命現象が可塑的であり、絶え間のない動的平衡状態にあるとはこういうことである。

渡辺剛さんは、私に言葉を求めたが、その実、私のほうが渡辺剛さんの作品から気づかされたのだ。『Border and Sight』は、この世界における界面の実在を追求し、かつ一貫して疑ったものであり、『TRANSPLANT』は、この世界がもつ可塑性を指し示したものなのである。

ここに写された植物群は、その場所に自生していた在来種ではない。よその場所から強制的に切り取られ、無理やりはめ込まれたものである。おそらく植物たちは、最初は気候の激変に適応できず枯れ、あるいは未知の害虫の餌食になり、また周囲から容赦なく侵食する雑草群に打ち負かされて幾度となく全滅したにちがいない。

しかし、トランス・プランテーションが繰り返されるうちに、そこに奇妙な適応と寛容と可塑的な変化が生まれたのだ。外来種だったものはいつの日か在来種となり、在来種だったものは移動し別の日には外来種となる。いまでは植物たちは、青々と我が物顔に繁茂し、風をうけ、しっかりと大地に根を張って、この場所に新しい動的な平衡点を見出しているのだ。

しかし、それは人間が何かを制御しえたこと、あるいは何かを制圧したことを示すものではまったくない。

第6章　細胞のなかの墓場

神々がシーシュポスに課した刑罰は、休みなく岩をころがして、ある山の頂まで運び上げるというものであったが、ひとたび山頂にまで達すると、岩はそれ自体の重さでいつもころがり落ちてしまうのであった。無益で希望のない労働ほど怖ろしい懲罰はないと神々が考えたのは、たしかにいくらかはもっともなことであった。

（カミュ『シーシュポスの神話』、清水徹訳）

プラスαの正体

写真家渡辺剛さんの作品『Border and Sight』と『TRANSPLANT』は、またあるとき私に別のことを考えさせた。動的な平衡状態にある空間から、ある部分を切り抜いてくる行為が何のためらいもなく成立するとすれば、動的な平衡状態を保ちつつ、推移する時間の流れから、ある部分を切り取ることであっても平然と行うことができるだろう。

生命現象において部分と呼ぶべきものはない。このことは古くから別の表現でずっと言われ続けてきたことでもある。たとえば次のように。

全体は部分の総和以上の何ものかである。

生命は臓器に、臓器は組織に、組織は細胞に分けられる。さらに生命を分けて、分けて、分けていくとタンパク質、脂質、糖質、核酸などのパーツに分解できる。今度はたとえばタンパク質を分けていくと、その構成単位であるアミノ酸に分解できる。アミノ酸は単なるありふれた物質だ。どこにでもある。化学調味料だってアミノ酸だ。

でもこれらミクロな物質がひとたび組み合わさると動きだす。代謝する。生殖して子孫を増やす。感情や意識が生まれる。思考までする。

たしかに生命現象において、全体は、部分の総和以上の何ものかである。この魅力的なテーゼを、あまりにも素朴（ナイーブ）に受け止めると、私たちはすぐにでもあやういオカルティズムに接近してしまう。ミクロなパーツにはなくても、それが集合体になるとそこに加わる、プラスαとは一体何なのか。

生命を生命たらしめるバイタルなもの、それは「生気」である。生物はミクロな部品から成り立っている。そこにプラスαとしての「生気」が加わって初めて生命現象が成立する。名づけてバイタリズム。生気の正体は全く明らかにされないまま、実際、たくさんの生物学者がかつてこの蠱惑的な考えに取りつかれた。その真摯な、同時にどこかしら奇妙な探求を跡づけることはここではしないけれど、たとえば最も優秀な生物学者たちによってこんなことが議論された。生物は死ぬと「生気」が離脱する。ゆえに死の瞬間、わずかに体重が軽くなると。

もちろんそんなことはない。私たちの体重は水分の蒸散や呼吸によって刻一刻変化する。そしてそもそも「死」に、その瞬間と呼べるようなボーダーはない。

でもプラスαはある。一体、プラスαとは何だろうか。それは実にシンプルなことである。生命現象を、分けて、分けて、分けて、ミクロなパーツを切り抜いてくるとき、私たちが切断しているものがプラスαの正体である。それは流れである。エネルギーと情報の流れ。生命現象の本質は、物質的な基盤にあるのではなく、そこでやりとりされるエネルギーと情報がもたらす効果にこそある。

アミノ酸の握手

トランプカードで城をつくる人がいる。二枚のカードを逆Vの字形に立て均衡をとる。それを二脚つくる。その上に一枚のカードを橋渡しする。同じ構造を並べて長い土台をつくる。その上に、また逆Vの字をつくる。息を殺して一枚また一枚とカードを置く。城壁は一段ずつ積みあがり、一段ずつ高くなる。何時間か後、磨かれた床から立ち上がったトランプの城は人の背丈よりも高く、無数の二等辺三角形からなる蜂の巣構造は、どこを見ても力学的な均衡を保った美しさを宿している。

一九五三年、DNAの二重ラセン構造の解明からその幕を開けた分子生物学。今日までその鋭利な解像力で進展し続けるこの学問の流れを眺めると、ある興味深い事実に気づく。どのようにしてDNAは合成されるのか。いかにしてタンパク質は組み立てられるのか。私たちは、生命をつかさどるミクロな分子群が、いかなる精妙なメカニズムでつくりあげられるかを追いかけ、それを解明してきた。つまり、つくることばかりに目を奪われてきた。トランプ・タワーの構築原理がわかれば、世界の成り立ちがわかるはずだと思うのは、ある意味、当然のことであった。

ところがここ十年ほどのあいだに急速に明らかにされた意外な事実がある。細胞は、つくる仕組みよりも、こわす仕組みのほうをずっとずっと大切にしており、そのやり方はより精妙で、キャパシティもより大きい。そういうことがわかってきたのだ。

タンパク質の合成ルートは一通りしか存在しない。しかし、タンパク質を分解するルートは何通りも存在するのである。トランプのタワーを構築するテクニックはひとつしかないのにもかかわらず、タワーをこわすテクニックは複数用意されている。これは何を意味するのだろうか。エネルギーと情報の流れを見ると、その意味はおのずと明らかになる。

タンパク質はアミノ酸の連鎖によって構築される。個々のアミノ酸にはアミノ基とカルボキシル基という構造がある。右手と左手と考えてもらえばよい。アミノ酸Aとアミノ酸Bとアミノ酸Cがこの順で連鎖するためには、アミノ酸Aの左手とアミノ酸Bの右手が、そしてアミノ酸Bの左手とアミノ酸Cの右手が、それぞれ握り合う必要がある。アミノ酸とアミノ酸の握り合いは、必ず、一方のアミノ酸のカルボキシル基と他方のアミノ酸のアミノ基が結合することによって成立する。アミノ基同士、カルボキシル基同士は結合できない。それはアミノ酸の握り合いが、人間の手の握り合いと異なる、化学的な仕組みによるからである。

カルボキシル基は、以前にも書いたが、炭素C、酸素O、水素Hからなる化学構造で、$-COOH$という形をしている。一方、アミノ基は、窒素Nと水素Hからなる化学構造で、NH_2-という形をしている。この二つが接近しても自動的には何も起こらない。二つをつなぐためには、別のところからエネルギーをもってきて「動き」をもたらす必要がある。するとカルボキシル基とアミノ基は、ぶつかったり離れたりしながら揺らぎだす。

そのうちちょっとした拍子に、カルボキシル基のうちのOHがちぎれ、アミノ基のうちのHがちぎれ、ちぎれたもの同士が合体する、そのような変化が起こる。OHとHが合わさるとそこには安定した物質H_2Oができる。水である。

一方、OHとHが離脱したあとの不完全なカルボキシル基−COと不完全なアミノ基NH−もこのままでは極めて不安定なので、互いにパートナーを求めて合体する。するとそこには、−CO−NH−という安定な結びつきが成立する。これが握手の化学的正体である。

生命現象における秩序

二枚のトランプが自動的に逆V字形をつくることはない。逆V字形を構築するためには、別のところからエネルギーをもってこなくてはならない。つまり外部から人間の手が加わって「動き」をもたらす必要がある。一方のトランプの一辺と他方のトランプの一辺は触れ合ったり離れたりしながら揺らぎ、やがて両者が互いに均衡を保てる安定した結びつきが見出される。

トランプ二枚が均衡する際、水分子が離脱することはないが、アミノ酸とアミノ酸の結合と、トランプとトランプの結合とで共通して起こっていることがある。アミノ酸とアミノ酸は結合して特別な形をとる。トランプとトランプは組み合わさって特別な形をつくる。新しい形が生まれるということは、すなわち新しい秩序が生み出されるということである。そして秩序とは「情報」の同義語である。より精妙な秩序には、より多くの情報量が含まれる。そして秩序を生み出すには、つまり情報をつくり出すにはその対価としてエネルギーが必要となる。

トランプ・タワーの場合、カードとカードとがつくる逆V字形構造が新しい秩序の単位である。その秩序はカード間の均衡に内包されているエネルギーが支えている。

同様に、タンパク質の場合、アミノ酸Aとアミノ酸Bが結合してできたA－Bという構造が新しい秩序の単位となる。その秩序は、アミノ酸Aとアミノ酸Bとを結合する－CO－NH－という化学的握手の内部に蓄えられたエネルギーが支えている。

アミノ酸とアミノ酸を結合する際、必要なエネルギーは、たとえばかなり乱暴な方法でも得ることができる。アミノ酸Aとアミノ酸Bを混ぜ合わせて頑丈な容器に入れ、そこに高温や高圧をかける。高温や高圧のエネルギーは、それぞれのアミノ酸のアミノ基とカルボキシル基に動きと揺らぎを与える。するとその結果、いくぶんかの確率で、水分子が離脱し、－CO－NH－結合が生まれる。

結合が生まれること自体は秩序が生成されたことになるが、このケースの場合その情報量はいささか小さい。なぜならこのような環境下では、アミノ酸の連結は必ずしもA－B

の順になるとは限らないからである。B－AあるいはA－A, B－Bそれからさらに三つ以上の連結もすべてランダムにしか起こりようがない。

生命現象における秩序は、ひとえに、多種類存在するアミノ酸がどのような順番で連結するかによって構築される。ここでアミノ酸は音素、いうなればアルファベットであり、タンパク質はアミノ酸というアルファベットによって書かれた文章にあたる。そして生命体は、固有の文法と文体に従って構成されたタンパク質の物語といえる。つまりここには壮大な秩序構築がある。そのために膨大な量のエネルギーが、乱暴さとは対極にある精妙さで、ほんのわずかずつ極めて正確な方法で使われながら、新しい情報がつくられる仕組みが存在していた。

かくして二十世紀の生物学は、この壮大で精妙な秩序構築のメカニズムを解き明かそうと邁進してきたのである。それは見事な成果となって私たちの目の前に現れた。

固有の文法と文体はゲノムDNAの配列情報として保管されている。それがメッセンジャーRNAに写し取られる。メッセンジャーRNAは文字通りDNAのコピーなので何枚も複製がつくれる。つまり情報を増幅できる。メッセンジャーRNAは細胞内を移動してタンパク質合成装置であるリボソームに至る。いうまでもないことだが、いちいちのステップではエネルギーが使用される。それは細胞内でエネルギーの受け渡しを担うATPや

GTPといった特殊な化合物によって行われる。リボソーム上では、メッセンジャーRNAの配列情報に沿って、アミノ酸が一つずつ一方向に連結されていく。ひとつひとつの連結に際してエネルギーが供給される。

こうして固有で特異的なアミノ酸配列を有した、固有で特異的なタンパク質がつくり出される。固有で特異的なタンパク質は、固有で特異的な機能を細胞内外で発揮する。

つまりタンパク質とは、物質レベルではアミノ酸が連結したものにすぎないが、そこには大きなエネルギーと情報が担われていることになる。

秩序はこわされるのを待っている

トランプのタワーは、構築するのに膨大なエネルギーと精妙さが必要となる。そして出来上がったトランプ・タワーには、秩序とエネルギーが含まれている。

しかし、もしタワーをつくった彼が今、どこか一枚のカードを抜き取れば？　織り成す二等辺三角形で構成された美しいカードのタワーは、一瞬のうちに、音もなく瓦解するだろう。

秩序は、その中に、構築のための膨大なエネルギーと精妙さを内包している。けれども、ひとたび組み上げられた秩序をこわすためなら、ほんのわずかな揺らぎがありさえすればよい。秩序は、こわされることを待っているからである。

　アミノ酸とアミノ酸を連結していた－CO－NH－結合も、ほんのわずかな揺らぎが与えられれば、そしてちょうどそのとき水の分子H_2Oが近くに存在していれば――実際、細胞内タンパク質はほぼすべて水中に存在するので、無数の水分子が近傍にある――、結合の中に、水分子がOHとHに分かれて入り込み、結合は二つに開裂する。OHは－COと結合して、－COOHとなり、HはNH－と結合してNH_2－となる。つまり握り合っていた手はほどかれ、それぞれもともとのアミノ酸に戻る。

　この過程は、実に簡単に起こる。アミノ酸とアミノ酸を連結するよりもずっと容易に。ちょうどトランプ・タワーをこわすときのように。あるいは、坂の上に持ち上げた石を、斜面にそって転がり落とすように。

　これは全く比喩ではない。高い秩序をもつもの、その内部に高いエネルギーを含んでいるものは、坂の上に持ち上げられた石である。石は転がり落ちることを待っている。そして実際に、それは起こる。苦労して整理整頓した机の上は、二、三日もすれば散らかった書類の山と化す。温めたコーヒーはまもなく冷える。熱い恋愛もほどなく醒める。秩序はすぐに無秩序さを増す。熱いものが冷える。局所に集められた高エネルギー状態が、拡散していく。これらの現象はひとことで言い表すことができる。乱雑さ＝エントロピー増大

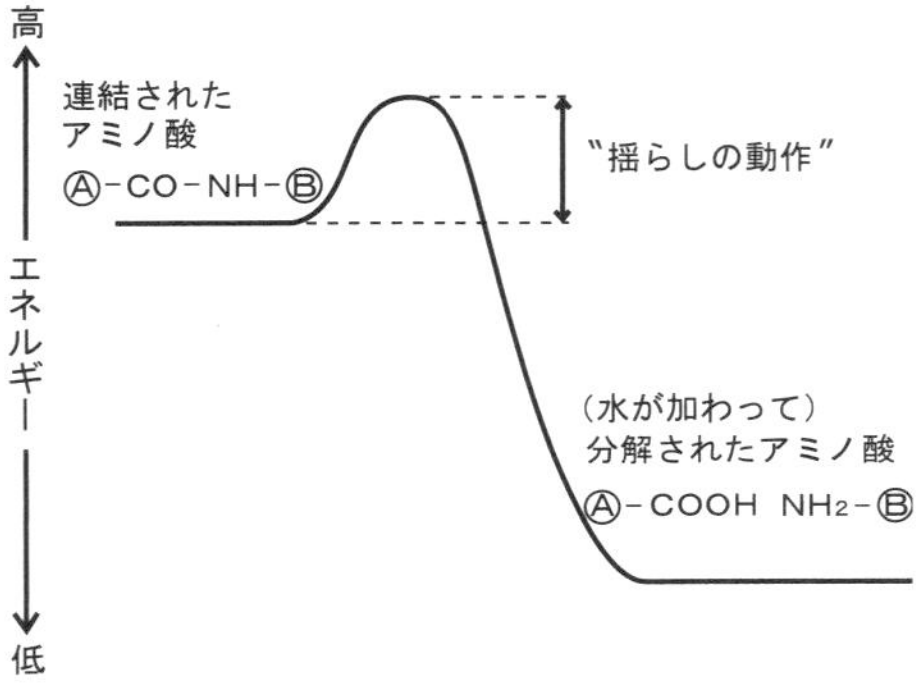

秩序はこわされるのを待っている

の法則である。

アミノ酸が－CO－NH－結合で連結された状態は、秩序＝情報量が大きく、エネルギーが高い状態、すなわち坂の上にある。－CO－NH－結合に水が加わり、開裂してもとのアミノ酸になった状態は、秩序＝情報量が小さく、エネルギーが低い状態、すなわち坂の下にある。

坂の下から坂の上に持ち上げる動作、つまりアミノ酸を連結するには大きなエネルギーを必要とする。

坂の上から坂の下へ転がす動作、つまりアミノ酸の連結を開裂するには原理的には大きなエネルギーは全く必要ではない。ただ、転げ落とすためのほんの小さなきっかけとなる揺らしの動作だけが必要となる。

ランゲルハンスの海

突然ながら、みなさんは膵臓がどこらへんにあるかをご存知だろうか。むろん、今、かりにひとときマップラバーとなって、身体の細胞の分布を鳥瞰的に見た際の「絵柄」として、という意味である。膵臓は胸の肋骨（ろっこつ）が逆V字形になったみぞおちのあたり、そのどちらかといえば背中に近いほうに静かに横たわっている。

イームズの作り出した実験的映像「パワーズ・オブ・テン」は、芝生に寝転ぶ人間の身体の中央に視点を固定したまま、マクロの世界に飛び出し、そしてミクロの世界に再突入した。このとき視点はまさに胸郭の中央深くに位置する臓器、すなわち膵臓を捉える。

では、膵臓は一体何をしている臓器だろうか？　この質問を入学したての大学生に問うと、理系学生であってもしばしばぐっと言葉につまる。よくて、ランゲルハンス島があるところ、そこでインシュリンが作られています、と答えるのがせいぜいではなかろうか。

確かに、パウル・ランゲルハンスが観察したとおり、膵臓を顕微鏡で見ると、そこには海原に散在する小さな島のように、ランゲルハンス島が見える。しかしその視野に見えているのは島だけではない。膵臓全体の細胞のうち、ランゲルハンス島を組織しているのはほんの数パーセントでしかない。地球に陸地がわずかしかないように、残りの大多数の細胞は「海」を構成している。

よく見ると、海は数え切れないほどの波から成り立っている。波と見えるのは、あくまで波頭であって、それは薄墨色の花びらの一片である。花びらは隙間なく敷きつめられている。そして均一な海と見える表面をつくる。しかし、ひとつひとつの花びらは、実は、ひとつひとつの半透明の細胞である。島を見ているとき、島は「図」となり、海はその背景の「地」として見えなくなる。図と地もまた文字通り、すぐれて人為的な世界の切り分け方である。ランゲルハンスはそのようにして、彼の島を見つけた。

しかし、今、あらためて図と地を眺め、その関係を反転させてみよう。図を地に、地を図に。ランゲルハンスの島は透明な不在となって沈み、ランゲルハンスの海がせりあがる。無地の絨毯に見えた海原の波は、実にひとつひとつが息づいている。そしてその内部に、絶え間のない生産の槌音（つちおと）を響かせている。もちろんそれは聴こえることはない。

ランゲルハンスの海を構成する細胞群はすべて、あるタンパク質の大量生産に黙々と従事している。その生産量はインシュリンの比ではない。はるかに多い。いや、人間の身体の中で最もたくさんのタンパク質を日々合成している細胞といってよい。その合成量たるや、泌乳期の女性の乳腺よりも多いくらいだ。彼らがつくっているのは、消化酵素である。ランゲルハンスの海は毎日毎日、せっせと消化酵素をつくって、小腸に分泌してくれている。そのおかげで、私たちはどんなにたくさん食べてもきちんと消化が行われ、栄養素の吸収がなされる。

消化酵素が行っていること。それはとりもなおさず、坂の上にある石を坂の下に転げ落とすために、ほんの小さな揺らし動作をタンパク質に対してしかけているのである。肉やら魚やら、あるいは穀物や野菜であってもそこにはたくさんの種類のタンパク質が含まれている。消化酵素はそのようなタンパク質に背後から近寄って、手足を絡める。しかしそれは、ニューヨークの暗い路地奥で起こるような〝羽交い絞め〟というよりは、穏やかなくすぐり動作に近いものだ。

消化酵素に抱きすくめられたタンパク質は引っぱられたり、ねじられたりする。このとき、タンパク質にあってアミノ酸とアミノ酸を連結している－CO－NH－結合に、揺らぎの動作が加わる。するとそこにすかさず水分子が入り込む。結果として、結合が切断される。これが繰り返されるうちに、そして消化酵素には多種類があってさまざまなやり方で引っぱられ、ねじられたりするうちに、タンパク質は、個々のアミノ酸へと分解されていく。これが消化というプロセスである。

この間、消化酵素は外部の特別なエネルギーを全く必要としない。引っぱったり、ねじったりする運動は、消化管内で起こるランダムな分子の熱運動でしかない。わずかな揺らぎさえ与えられれば、タンパク質は、坂を転がるように、アミノ酸へと分解される。

ちなみに消化の意味について少しだけ触れておきたい。消化は何のために行われるのか？　小さく砕かないと吸収しにくいからです。現象面だけを見るとこの答えでも間違いではない。が、消化のほんとうの意義は別のところにある。前の持ち主の情報を解体するため、消化は行われる。食物タンパク質は、それが動物性のものであれ、植物性のものであれ、もともといずれかの生物体の一部であったものだ。そこには持ち主固有の情報がアミノ酸配列として満載されている。

この情報がいきなり、私の身体の内部に侵入すれば、私の身体固有の情報系との衝突、干渉、混乱が生じる。食品アレルギー、ひいては臓器移植の際の拒絶反応、それらはすべて自己と非自己のあいだに起こるタンパク質レベルの情報のせめぎあい、情報戦である。

これを回避するため、消化酵素は、絶え間なく、物語と文章を解体し、意味を持たない個々のアルファベット、すなわち音素のレベルにまでいったん徹底的に分解する。そのアルファベットを吸収して、私たちは自分固有の物語を再構築している。

もしかりに、あなたの肩甲骨と肩甲骨のあいだ、背中の中央部に不審な痛みを感じることがあるとすれば、それは要注意シグナルである。膵臓の異常は、腹痛というよりは背中の痛みとなって放散することが多いからだ。そして膵臓の痛みは、重大な帰趨をたどる。

これまでに記したとおり、膵臓は強力な消化酵素の巣窟である。正常なとき、消化酵素は細胞から正しい方向に分泌され、正しい管を通り、消化管内に放出される。そしてそこで活性化され、食物の速やかな分解を行う。

しかしもし異常なときは。膵臓の消化酵素分泌細胞が何らかの損傷を受け、その制御が乱されたとき、消化酵素は細胞から正しい方向に分泌されない。そのとき、消化酵素は細胞から間違った方向に漏れ出す。たとえば血液中に。あるいは膵臓の組織内に。消化酵素自身は、自分が分解すべき対象が食物タンパク質なのか、あるいは自分自身の細胞を構成するタンパク質なのか区別することができない。間違った方向に漏れ出した消化酵素は、自分自身を分解してしまうのだ。

この自己消化現象は激しい痛みを引き起こす。これが急激に起こるのが急性膵炎、長期間、繰り返し起こるのが慢性膵炎である。アルコールやストレスが膵炎のリスクファクターだといわれているが、原因の全く不明な場合も多い。膵臓の自己消化は膵臓ガンでも引き起こされる。膵臓ガンは最も治療困難なガンのひとつである。膵臓にメスを入れること自体が、膵臓細胞を破壊し、自己消化を引き起こす原因となるからである。

膵臓に広がるランゲルハンスの海は、それが凪(な)いでいるとき、静かな海として広がり、ランゲルハンスの島を浮かばせる背景となって視界から消えている。しかし、ランゲルハンスの海がひとたび時化(しけ)れば、それは致命的な嵐を引き起こすことになる。

細胞の懸命な自転車操業

さて、これまで見てきたとおり、アミノ酸の連結体であるタンパク質は、つくるよりこわすことのほうが簡単である。ちょっと押してやれば、坂から転がり落ちる。実際、多くの研究者はこわすことにほとんど注意を払っていなかった。特に、タンパク質の合成メカニズムに耳目が集中した二十世紀半ばから後半にかけてはそうだった。細胞内外にある消化酵素が、ちょっとした揺らぎを－CO－NH－結合に与えてやれば、あとはタンパク質は自動的にバラバラのアミノ酸になる。みんなそう考えていた。しかし必ずしもそうではなかったのである。

一九八〇年代のはじめ、複数の研究者たちがほぼ同時に、とても奇妙なことに気がついた。消化酵素は膵臓の細胞が合成する。それは細胞の外へ送り出され、細い管を通って流れていく。管は、雨水のパイプが川に開口しているように、小腸に通じている。つまり消化酵素は、細胞の内部でつくられて、細胞の外部で働く。すでに述べた通り、これらの消化酵素はその活動に特別なエネルギーを必要としない。一方、細胞の中で合成され、細胞の内部にとどまったまま、細胞内のタンパク質を消化するような酵素もたくさん見つかってきた。その中には、膵臓の消化酵素とは異なり、エネルギーを供給してやらないとタンパク質の分解を行わない、そのような特殊なタンパク質分解の仕組みが存在することがわかったのだ。

これは細胞の経済学から考えても極めて非効率的なことであるように見えた。タンパク質の分解プロセスは、坂から石が転げ落ちるだけの、本来、エネルギー非依存的な反応である。それなのに、わざわざエネルギーを使う。細胞がつくり出すエネルギーは有限であり、絶えず栄養素と酸素を必要とする。だからエネルギー依存的なタンパク質分解にはよほどの理由があるに違いない。

実際、そこには特別な理由があった。細胞は自ら進んで自分自身の分解を行っていたのである。細胞の内部には、いくつもの深い井戸がある。プロテアソームと名づけられたその井戸の中に落ちたタンパク質はバラバラに解体される。ところが、細胞は、たった今つくり出されたばかりのタンパク質であっても、惜しげもなくそこに放りこんでいたのだ。放りこむために、わざわざエネルギーを使っていた。精妙な仕組みによって細胞内のタンパク質は次々と井戸に導かれていた。

この仕組みを解明した、イスラエルのアーロン・チカノーバー、アブラム・ハーシュコ、そして米国のアーウイン・ローズは、二〇〇四年になってノーベル化学賞を得た。

一方、別の墓場が細胞内には存在している。そこはリソソームという細胞内につくられた閉じた空間である。その中には強力な消化酵素群が封じ込められている。タンパク質はこの墓場にも絶えず送り込まれている。閉じた空間内は強い酸性となっており、この中に入れられたタンパク質は、酸性条件の中で活性化される消化酵素によって瞬く間にアミノ酸に解体されてしまう。

オートファジーと呼ばれる仕組みも細胞内に発見された。分解すべき対象物があると、その周囲を薄い膜が覆い始め、まもなく完全に包囲してしまう。包囲網の内部では、タンパク質の分解が急速に開始される。

プロテアソーム、リソソーム、オートファジー……細胞の中には幾重にも幾重にもタンパク質の分解システムが備わっており、分解の能力は、タンパク質をつくり出す能力よりもはるかに大きく、多岐にわたっている。それらは絶え間なくタンパク質をアミノ酸に解体しつづけている。

この解体は、消化管に分泌された膵臓の消化酵素が食品タンパク質の情報を解体することと、行っていること自体は同じであってもその目的が本質的に違う。この解体は、自らつくり出した自己タンパク質に対して行われている。

自己タンパク質の内部には、自己の情報が蓄えられている。生命現象という秩序を保つための情報がそこにある。しかし、宇宙の大原則であるエントロピー増大の法則は、情け容赦なくその秩序を、その情報をなきものにしようと触手を伸ばしてくる。タンパク質は、絶えず酸化され、変性され、分解されようとしている。

細胞は必死になって、その魔の手に先回りしようとしているのだ。先回りして、エントロピー増大の法則が秩序を破壊する前に、エネルギーを駆使してまで自ら率先して自らを破壊する。その上ですぐにタンパク質を再合成し、秩序を再構築する。

細胞が行っているのは懸命な自転車操業なのだ。エントロピー増大の法則に先行して、細胞内からエントロピーをくみ出しているのだ。あえて分解することによって、エントロピー＝無秩序が、秩序の内部に蓄積されるのを防いでいるのである。生きているとは実にこのようなエネルギーと情報の振幅運動に他ならない。かろうじて、この自転車操業を維持する限りにおいて、生命はその秩序を維持することができる。

死も誕生も定義次第？

しかしエントロピー増大の法則はいつか必ず私たちをとらえる。自転車をこぐ速度が緩んだ一瞬を逃さず、それ以上の速度で乱雑さを増す。乱雑さの増加はまもなく自転車を追い越す。先回りしてこわすことによって再生された秩序はもはや回復されない。それが個体の死である。

だから生物の死を厳密な意味で定義しようとすれば、私たちの身体を構成する六十兆個すべての細胞がその自転車操業を停止したとき、ということになる。それは、古典的な死、いわゆる死の三徴候、呼吸停止、心臓停止、瞳孔散大が起こる時点よりもかなり後のことである。呼吸と心拍が止まり、酸素の供給がなくなっても細胞は体液中に溶存した酸素と栄養素を使ってしばらくのあいだ、おそらくは数時間以上、持ちこたえることができる。

誰が決めたのか、「臓器の移植に関する法律」は、脳死した者の身体は「死体」に含まれるとした。すなわち、脳死を人の死とすることが決められた。以来、十年以上が経過した。脳が死んでも末梢の臓器は生きている。いくつかの臓器がその動きを停止しても、個々の細胞はなお生きながらえる。しかし人が決める人の死は、生物学的な死から離れて、どんどん前倒しされている。

渡辺剛さんがかつて見た、あまりにも人工的な界面がここにも分断線を引く。本来、連続して推移する生命の時間をすっぱりと切断する。

死の対称点は誕生である。人は一体、いつ生まれるといえるだろうか。すべての細胞は、細胞から生成するのだから、ここにも本来、連続性のみが流れている。不連続面はどこにもない。精子は精原細胞が分裂して生成する。卵子は卵原細胞が分裂して生成する。細胞が生きているということからいえば卵子も精子も生きている。しかしそれはまだヒトではない。生物としてのヒトの出発点は、選ばれた卵子と選ばれた精子が合体し、新たな発生のプログラムが開始されるとき、つまり受精卵が誕生したとき、と考えることには自然な納得がある。なぜなら合体によって新しい状態、すなわち新たな情報系とエネルギー系が立ち上がるのだから。

しかしこの素朴な考え方はおそらく、近いうちに強力なロジックの前にたじろがざるを得ないだろう。

死の定義が素朴な問題ではなかったように、誕生の定義も全く素朴な問題ではない。今後、立ち上がってくるロジックは次のような意匠を纏(まと)っているはずだ。

人の死を、脳が死ぬ時点に置くのならば、論理的な対称性と整合性から考えて、人の生は、脳がその機能を開始する時点となる。つまり「脳始」である。脳始論に立てば、明らかに、受精卵はまだヒトではない。細胞分裂が進み、その中から神経系の初発段階が形成され始めるのは、受精後およそ二十日前後のことである。脳の神経回路網が構築され、脳波が現れるのはさらにずっとあと、受精後二十四〜二十七週のできごとである。いわゆる意識が——それがどのようなものかはここではあえて深入りをしないけれど脳の活動の直接的な産物とするなら——生まれるのはこのあとまもなくのことだろう。

脳死がヒトの死を前倒ししたように、「脳始」は定義のしかたによっていくらでもヒトの生の出発点を先送りしうる。

しかし何ゆえそんなことが必要なのか。それは脳死と臓器移植の関係と全く同じである。死んだと定義した身体から、まだ生きている細胞の塊を取り出したい。それと同じ動因が、ヒトの出発点近傍にも存立しうる。受精卵およびそれが細胞分裂してできる胚が、脳始以前の、まだヒトではないものと定義しうるのなら、それは単なる細胞の塊に過ぎないとみなしうる。そうなれば、胚を再生医療などの名目でいくらでも利用しうることになる。

ここでもまた『Border and Sight』と『TRANSPLANT』がビジュアライズしていた、本来存在しえない不連続面が、連続する時間に裂け目を入れる。

私たちが信奉する最先端科学技術は、私たちの寿命を延ばしてくれているのでは決してない。私たちの生命の時間をその両側から切断して、縮めているのである。

第7章　脳のなかの古い水路

256階調というのはやはり不足だ。人間の側方抑制によるコントラスト強調が働く限り縞模様（マッハバンド）は出てしまうのである。とは言っても256階調以上をモニタで表現することは現状できないのだから、残る手段は誤差拡散しかない。ピクセルシェーダで時間方向と空間方向でいい感じに誤差拡散を行えればマッハバンドの問題はかなり解決するのではないか。

（平山尚『ただもれ』［ネット日記］）

脳に貼りついた奇妙なバイアス

口絵iiiに掲げた図を見ていただきたい。これはある非常に有名な絵画を、6×6のグリッド（正方形のタイル）からなるモザイク画像に単純化したものである。これがもともとどんな絵だったかわかるだろうか。ちょっと離れて目を凝らしてみると……。

フォトショップのような画像処理ソフトウエアがあればモザイク処理は簡単にできる。原画を縦横いくつかのグリッドに分割する。次に、各グリッド内部の濃淡を計算する。これはグリッド内に使われているすべての画素の濃度を積算して、画素の数で割ることによって求まる。その数値はグリッド内の濃淡の平均値である。グリッドの正方形ひとつをその平均値の濃さで均一に塗りつぶす。

もちろん、グリッドの目は細かくすることも、粗くすることもできる。細かくすればより原画に近く、粗くすればより原画から遠ざかる。6×6のグリッドはかなり粗い。それでも、講義や講演で、百人くらいの参加者を前に、この図を見せて質問をするとたいがい二、三人の手が即座にあがる。

「モナリザ、ですか？」

そのとおり。正解である。ここで言い当てられてしまうと苦労して作ったいろいろなグリッド数のモザイク画像が無駄になってしまう。いちおう見ていただくと口絵ivのようなものだ。グリッドが細かくなるとだんだんほんもののモナリザに近づく。とはいえ、いちばん下の画像も、80×80の画素、つまり一種のグリッドからなっているという点では、他のモザイク画像と本質的な違いはない。

新聞などの写真はよく見ると粗い、色の点が集まってできていることがわかる。それでも、私たちは、色の点々を気にすることなく火事や事件の写真に生々しい現場を見る。新聞報道写真の場合、点の数は一インチにつき六十個程度（60dpi, dot per inch）である。

驚くべきことは、6×6のモザイク画像であっても、つまりたった三十六個の、単純化された色の点々だけを見て、私たちの眼は、それをモナリザだと認識しうるということである。

これは一体何を意味しているのだろうか。なぜこのような特殊な能力、言いかえれば、とても奇妙なバイアスが、人間の脳に貼りついてしまっているのか。それは私たちの内側に刻まれた古い水路と関係がある。そこをかよう水の流路が、濃淡の異なる三十六個のグリッドから、顔を浮かび上がらせるのだ。

私たちヒトの祖先がこの地球上に出現したのは今から七百万年も前のことである。七百万年の時間のほとんどを、ヒトは常に、怯え、警戒しながら暮らしていたはずだ。いつ、どんな危険に直面するかわからない。いかなる未知と遭遇するか予想できない。だから私たちは、遠い草原のかなたに、あるいは森の暗がりの中に、いち早く、生物の有無を見出し、かつその敵味方を判別することが求められた。

色の濃い、二つの点が一定の距離をおいて並んでいれば、私たちはまずそこに「眼」を見出す。暗闇に潜む敵は、こちらに気づかれずにこちらをうかがっているつもりだ。しかし、私たちは、鋭敏にも二つの目の眼底がわずかに反射する「視線」を捉える。すばやく敵の存在を察知する上で、生きるか死ぬかの瀬戸際、そのような瞬時の認知がどれほど役に立っただろうか。九死に一生を得るたびに、私たちの内部にその水路がしっかりと刻まれた。

二つの並んだ黒い点。点を結んだ中央には気配を消して静かに呼吸する鼻、その下には先ほどまでの舌なめずりで湿った唇。それはいずれも必ずしもはっきりと見えはしない。しかし、それらはそこにあるにちがいないのだ。点は線と、線は点と互いにしっかりと結び合わされる。点と線にそって速やかに水は流れる。たちまち全体像が作り出される。「顔」に対する異常な執着はこうして水路づけされていった。驚くほど先鋭化されたこの能力が、三十六個のグリッドから、モナリザさえも抽出する。

モザイク消しの秘密

ときに、モザイクは、写真雑誌などにおいて、匿名でしか扱えない人物の写真に使われることがある。あるいは公序良俗に照らして、明示してはならない局所的な映像などにも使われる。このようなモザイク画像を見たとき、あなたはどうするだろう。つい、目を細めてためつすがめつしていないだろうか。先に、私は、モナリザのモザイク画を出したとき、ちょっと離れて目を凝らしてみると、と書いた。目を凝らす、あるいは目を細めると、不思議なことに、より強くモナリザのイメージが浮かび上がってくるような気がするではないか。これには理由があると私は思う。

　モザイク画像を前にしたとき、私たちの眼が捉えるのは、まずそのグリッドの境界線である。ここには明確な線がある。濃い色と薄い色の界面。これはトーンジャンプと呼ばれる明らかな線だ。そして、私たちの眼はこのトーンジャンプに、ことさら鋭敏に反応し、それに釘付けになる。モザイク画像を見たとき、私たちはグリッドとグリッドを分断する線を見て、あたかも千鳥格子のような像を見る。これもまた私たちの内部の、古い水路のなせるわざなのである。境界を、輪郭を、できるだけ鮮やかに切り取って見ようとする傾向。これが線を作り出し、その輪郭線で囲まれた黒い図を作り出す。

　しかし、過ぎたるは及ばざるがごとし。点と点をつなげ、線を強調する能力は、瞬時に顔を見つけるが、同時に、あまりにも境界線に釘付けされすぎると、トーンのジャンプだけに注意が集中し、関係性を紡ぎだす能力はかえって阻害されてしまう。このことが、色の変化や文様の流れを見えにくいものにして隠してしまいがちになる。

　だから私たちは、目を凝らし、目を細めるのだ。目を強制的に細めると何が起こるだろうか。目のまわりの筋肉が強ばって焦点が合わせにくくなる。実は、この操作によって、それまで不可避的に注目せざるを得なかったトーンジャンプの境界線をはっきり見ることが一時的に難しくなるのだ。このときモザイクが溶ける。つまりトーンジャンプの境界線の影響が弱まり、わたしたちの眼は、その背景に沈んでいた色の変化や文様の流れに注意が向く。モザイクのタイルが消え、パターンが立ち上がる。

いわゆる「モザイク消し」装置というものは、おそらくこのような原理にもとづいて作動している。モザイク画像が作り出したグリッドとグリッドのあいだのトーンジャンプの境界線は、コンピュータ上の画像処理法のひとつ「デフォーカス」によって緩めることができる。いわば、鉛筆で描いた線を指先でこすって柔らかくする操作だ。このことによって「目を細めた」のと同じ効果、つまりトーンジャンプの強度を弱めることができる。私たちの眼は、トーンジャンプそのものから、より色調の関係性に注意を向けられることになる。

とはいうものの、原画が持っていた解像度を再生することはかなわない。原画の細部が持っていた画素は、モザイク処理によって各グリッドごとに平準化、つまり塗りつぶされてしまっている。デフォーカスはグリッドとグリッドのあいだのジャンプを弱めるだけで、塗りつぶされた細部をよみがえらせることまではできない。あしからず。

ただ、このデフォーカス処理は、展覧会で絵画を見るときに応用することができる。絵が架けられた壁面からすこし離れて絵の全体を見渡せるところまで後退する。おもむろに、目を細めてわざと焦点調節機能を固定して、あらためて絵を見る。と、その絵が持っていたほんとうのインパクトがずっとその強度を増すことがある。その絵の細部をいちいちフォーカシングして見ていると、つい筆遣いの跡や絵の具の盛り上がりなどのトーンジャンプに目がいく。これを溶かすことによって初めて見えてくるものがあるからだ。もちろん、よい絵は、細部もまた十分な鑑賞に堪えるわけだが。

たった6×6のモザイク階調の中からモナリザの顔を浮かび上がらせることができる、すぐれて鋭敏なパターン抽出能力。これはヒトの脳にとってとても大切な水路だったであろう。しかし、同時に、それは全体から部分を切り取る両刃の剣でもありうる。連続したものに境界線を入れる、文字通り、人工的な刃物となる。

空耳（ソラミミ）・空目（ソラメ）

空耳、というものがある。実際には音がしていないのに、音が聞こえたり、呼ばれてもいないのに名を呼ばれたような気がすることである。あるいは最近では、外国語の歌詞が変な日本語に聞こえたりすることも若い人たちのあいだでは空耳というそうで、それを集めた番組やサイトもあるという。

実は、それと同じようなことは目で見ていることに対しても起こりうる。それを仮にここでは「空目（ソラメ）」という風に呼んでみたい。百聞は一見にしかず、あるいは、自分の目で実際確かめなさい、とはよく言われることだが、これまでたどってきたとおり、実は、私たちがこの目で見ていると思っていること自体、私たちの内部で、あらかじめ水路づけされたものの上に成り立っている。ただし、私がここでいう空目とは、全く存在しないものが見える、いわゆる幻視のことではない。本当は全く偶然の結果なのに、そこに特別のパターンが見えてしまうとき、それを空目と呼びたいのである。

私は、小さい頃から、自動車や列車の前面が、人の顔に見えてしかたがなかった。外車や改造車は、いかにもそれに乗っている人間に似て、居丈高な顔や怖そうな顔に。古い車は、間抜けなカエル顔に。世界は不思議な顔に満ちている。いつしか、私は、空目の画像をコレクションするようになった。

ジンメンカメムシ
（写真提供：海野和男写真事務所）

尊敬してやまない昆虫写真家の海野和男さん。彼の撮影したカメムシ。二人の、あまり強そうではないお相撲さんが仲良く並んでいる。

ちょっと前には、アメリカですごいトーストが見つかった。トースト、つまりただの焼いたパンである。これが、オークションに出品されて二万八千ドルもの高値がつけら

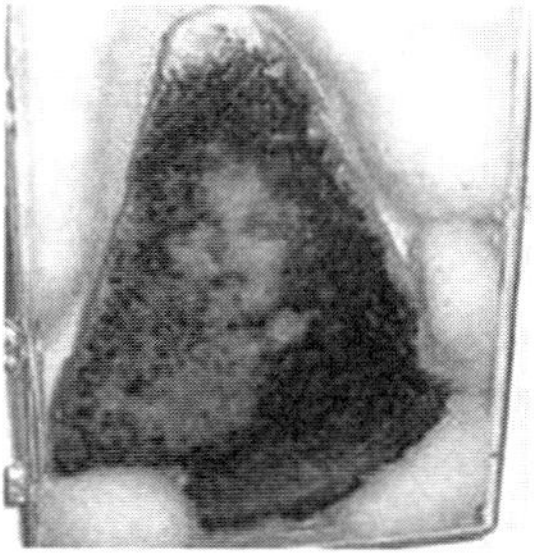

トーストに浮かび上がったマリア
（http://news.bbc.co.uk/2/hi/americas/4019295.stmより転載）

フタの裏に現れたキリスト
（http://news.bbc.co.uk/2/hi/uk_news/wales/8071865.stmより転載）

れたという。なぜ？　それはトーストの中央に、奇跡のマリア像が浮かび上がっているからである。すごい。なにがすごいかといえば、そう言われてみると、確かにそう見えるところが。これを買ったのはどんな人だろうか。今頃、パンはカビだらけになってしまっていないだろうか。

マリアだけではない。恩寵は私たちのすぐそばにある。ただそれがあまりに身近すぎるところに起こるというのもどうだろうか。マーマイト（というケチャップみたいな調味料）のフタの裏にもキリストは立ち現れるのだ。

一九九六年に打ち上げられたＮＡＳＡの探査衛星マーズ・グローバル・サーベイヤーが火星に最接近し、その表面の鮮明な映像を捉えた（口絵ⅶ）。そこには複雑で、奇妙な起伏が広がっていた。それをじっと眺めていると、そこには実にたくさんの人工的な意匠が隠されていることに気づく。ゴリラに似た横顔、ぬりかべ、マスクをかぶった怪人、はたまたオバＱまで。実にさまざまな顔が潜んでいる……。

そういえば、ずっと昔、こんなことがあった。小学校の遠足で訪れた華厳の滝。私たちはクラスごとに滝を背景に集合写真を撮影した。後日、配られた写真を見て、みんなが次々と悲鳴を上げた。ここにも。あそこにも。岩壁のあちこちに、かつて深い滝つぼに身を投げた人たちの、さまよえる魂が浮かび上がっているではないか。

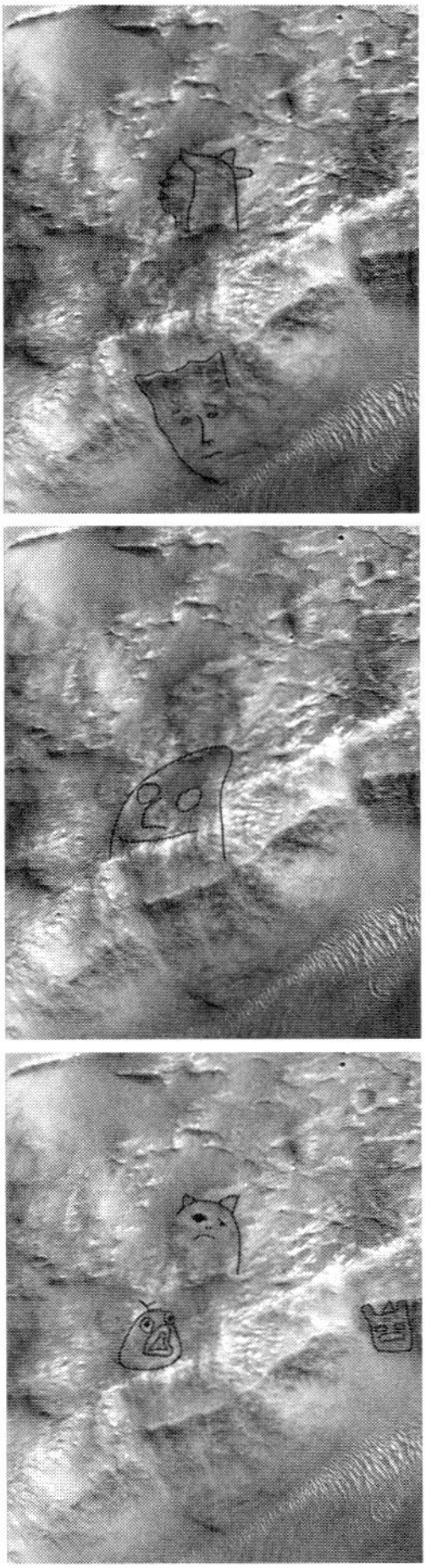

火星表面の顔・顔・顔

私たちは、本来、ランダムなはずのものの中にパターンを見出す。いや、見出さずにはいられない。顔は、火星の、あるいは岩壁の表面にあるのではない。私たちの認識の内部にある。

必死にパターンを見出そうとする

コンピュータ・グラフィック技術によって、非常に滑らかに変化する表面を描いたとする。たとえば、超未来的な宇宙船。恒星からの強い光を浴びて船首はまぶしく輝き、他方、船尾は暗い宇宙に溶け込んでいる。そんな画像である。コンピュータは計算によって、暗黒と輝きとのあいだに、濃淡の階調がほんのわずかずつ、精密に減少するような完全に数学的なグラデーションを作り出す。

むろん、人間の眼は、ある段とその前後の段との階調の差は、あまりにも微妙すぎて気づくことができない。つまりどこを見てもトーンジャンプを検出することはできない。だからこのようにして描出された宇宙船は、あたかも天使の布で磨きぬかれた大理石のように、かぎりなく滑らかで美しい表面を体現するはずである。理論的には。

ところが事実は全く異なる。このようにして正確に計算されて作り出された宇宙船は、しばしばギザギザや縞模様が浮かび上がった、極めて汚い表面をもってしまうのだ。

私は、このようなことをセガの技術者、平山尚氏が書いている一文を興味深く読んだ。一体、何が起こっているのだろうか。ギザギザや縞模様は、数学的な処理の問題に起因しているのではない。またコンピュータの液晶や画像表示の仕組みに問題があるからでもない。私たちの認識のあり方に由来するのだ。その証拠に、しばしばギザギザや縞模様は、ゆらぎ、あちこちに移動し、見るたびに変幻自在に動く。

おそらくそれは、私たちの内部にある眼が、あまりにも滑らかすぎる光景にいらだち、右往左往しているのである。そのあげくに無理矢理、境界線を、トーンジャンプを作り出し、そこに何らかのパターンを見出すべく必死にもがいているのである。私たちの脳に貼りついた水路づけは、ここまで頑迷なものなのである。

同じ「空目」現象をこの紙面上に再現したものが口絵viiiの図である。黒から白へ濃淡の階調変化を256段階、数学的に均等変化させ、それを細い短冊状にして並べたものである。一本の短冊の幅は1ミリメートルよりもずっと小さい。にもかかわらず、この図を見ているとちらちらと縦向きに何本もの格子縞が見えはしないだろうか。それは空目なのである。

コンピュータで作り出した濃淡のグラデーションをこうして紙の上に印刷すると、空目の見え方はいささか弱くなるけれど、画像を遠くにおいて眺めて見てほしい。そこには奇妙なギザギザの線が見えるはずだ。この図では濃淡のグラデーションの外側にわざと黒と白の領域を置いてみた。黒い領域からそれが薄くなりだす場所に注目していただきたい。ことさら濃いバンドが見えないだろうか。逆に、グラデーションが終わりかけて白い領域に移るところには、ことさら白いバンドが見えないだろうか。

これもまた私たちの強引な認識のなせるわざである。

おせっかいな認識回路

このような空目は、古くから知られていた。エルンスト・マッハは、色が変わろうとする場所に現れる、より暗いバンド、あるいはその逆のより明るいバンドが、一種の錯覚であることに気づいた。以来、これはマッハ・バンドと呼ばれる錯視として知られるようになる。

網膜上にはたくさんの視細胞が稠密(ちゅうみつ)に並んでいる。それはちょうどデジタル・カメラの画素のようなもので、おのおのレンズを通してやってくる光の強度を認識する。視細胞は認識した光の強度を神経線維を通じて脳に伝える。一方、視細胞は互いに隣どうしの細胞と連携をとって、情報を交換している。ある視細胞にことさら強い光が入ってきたとする。この細胞はそれを信号に変えて、強い光が入ってきたことを脳に伝達する。そのとき同時に、隣の視細胞に対して、抑制的な情報を送る。「この光は俺が受け取ったから、おまえたちはそんなにさわがなくていいよ」と。ちょうど外野フライを捕球する野手が他の人間の動きを制するように。

するとどのようなことが起こるだろうか。周りが静まることによって、強い光を受け取った視細胞からの信号がことさら強調されることになる。つまり、コントラストがより明確化され、そこに境界線が作り出される。細胞と細胞のあいだのこのようなやりとり、つまり強い信号をより際立たせるための仕組みは、側方抑制と名づけられている。

マッハ・バンドの錯視は、細胞レベルのこの特殊なメカニズムに依存すると考えられている。色が変化する場所を認識した視細胞は、その隣の視細胞の反応を抑制するように働く。結果として、変化はより強調され、ないはずの境界線（ボーダー）が現れる。

全く同じように説明できるわけではないが、滑らかすぎる変化に、人工的なギザギザや縞模様が出現してしまう空目も、このような細胞間の側方抑制的な仕組みが作用していると考えることができる。輪郭のないところに輪郭を求めるあまり、視細胞は、変化する階調のあらゆる場所で、側方抑制をかけてははずし、かけてははずすことを繰り返して、縞模様を消長させているのだ。

ヒトの内部がもともと持ち合わせている、このおせっかいな認識によって、せっかく磨き上げた宇宙船の表面がざらついてしまうことを回避するため、セガの平山氏らは特別な工夫を施して画像処理を行っている。それは企業秘密に属することなのだろうが、誤差拡散と呼ばれるものらしい。門外漢の私にはそれがどのようなものか詳しく説明することはできない。が、おそらく「モザイク消し」に似た、トーンジャンプのデフォーカシングのようなものではないだろうか。

もちろん、微細な階調のあいだのトーンの差は見えない。しかしそれは数学的な厳密さをもって整列されている。誤差拡散は、この整列をところどころ乱して、あるいはぼかしてしまう技術なのだろう。それによって、私たちの内部の眼が、側方抑制をかけるために探し出す、わずかな手がかりをなくしてしまうのだ。

皮肉なことに、精密に磨き上げるのではなく、わざと毛羽立たせたほうが、私たちにはより滑らかに感じるということである。

見たと思ったものはすべて空目

かつて私は、私の本の若い読者からこんな質問を受けたことがある。なぜ、勉強をしなければならないのですか、と。そのとき、私は、十分答えることができなかった。もちろん今でも十分に答えることはできない。しかし、少なくとも次のようにいうことはできるだろう。

連続して変化する色のグラデーションを見ると、私たちはその中に不連続な、存在しないはずの境界を見てしまう。逆に不連続な点と線があると、私たちはそれをつないで連続した図像を作ってしまう。つまり、私たちは、本当は無関係なことがらに、因果関係を付与しがちなのだ。なぜだろう。連続を分節し、ことさら境界を強調し、不足を補って見ることが、生き残る上で有利に働くと感じられたから。もともとランダムに推移する自然現象を無理にでも関連づけることが安心につながったから。世界を図式化し単純化することが、わかることだと思えたから。

かつて私たちが身につけた知覚と認識の水路はしっかりと私たちの内部に残っている。しかしこのような水路は、ほんとうに生存上有利で、ほんとうに安心を与え、世界に対する、ほんとうの理解をもたらしたのだろうか。ヒトの眼が切り取った「部分」は人工的なものであり、ヒトの認識が見出した「関係」の多くは妄想でしかない。

私たちは見ようと思うものしか見ることができない。そして見たと思っていることも、ある意味ですべてが空目なのである。

世界は分けないことにはわからない。しかし分けてもほんとうにわかったことにはならない。パワーズ・オブ・テンの彼方で、ミクロな解像度を保つことは意味がない。パワーズ・オブ・テンの此岸で、マクロな鳥瞰を行うことも不可能である。つまり、私たちは世界の全体を一挙に見ることはできない。しかし大切なのはそのことに自省的であるということである。なぜなら、おそらくあてどなき解像と鳥瞰のその繰り返しが、世界に対するということだから。

滑らかに見えるものは、実は毛羽立っている。毛羽立って見えるものは、実は限りなく滑らかなのだ。

そのリアルのありようを知るために、私たちは勉強しなければならない。

第8章　ニューヨーク州イサカ、一九八〇年一月

青春はみずきの下をかよふ風あるいは遠き線路のかがやき
（高野公彦『水木』）

恐怖の研究室セミナー

研究室（ラボ）セミナーは、毎週一回、水曜日の朝に行われる。研究室全員がこれに出席しなければならない。当番にあたった二人の報告者が自分の研究の進捗状況について、ボスと研究室メンバー全員の前で発表を行う。

これは研究室の誰にとっても、ひとしく、かつ大きなプレッシャーだった。研究はその常として、しばしば遅々として進まず、思うような結果が得られなかった。にもかかわらず、研究室セミナーはまったく容赦がなかったからである。

研究室にはいくつかの階層の研究員がいた。ポスドク、大学院生、実験補助員。ポスドクとは、postdoctral fellow, つまり博士研究員の略称だ。ポスドクは、大学院を修了、博士号を取得したての即戦力かつ主戦力である。皆、二十代後半か三十前後。知識も新鮮で、研究の進め方についても熟知している。自分の能力に自信がある。ここで一旗揚げて独立し、自分の研究室を持つ。野心的なプロジェクトを進め、画期的な大発見を次々となす。そして最後のゴールはストックホルム。眩しい光と万雷の拍手。博士研究員は皆、そんな希望とエネルギーに溢れてここへやってきたはずだった。

最初の研究室セミナーで、それは完膚なきまでに叩きのめされる。

たどたどしい発表を聞き終わるや否や、ボスは口火を切る。

今日のこの発表までに、あなたにはどれほどの時間がありましたか。その時間をかけてたった、これだけしか達成できていない。これはいったいどういうことを意味しているのか。

何かを言おうとするのを制するようにボスはたたみかける。

機械がうまく作動しなかった。必要な試薬が届かなかった。思ったとおりに反応が進まなかった。

それは全く言い訳（ノー・イクスキューズ）にならない。なぜなら分析機械の保守、重要な試薬類の発注や在庫管理、実験の段取り、これらはすべて研究者の能力の一部だから。

マニュアルどおり液を試験管に入れて反応を行う。あれ、うまく反応しませんでした。こんなことは小学生にでもいえる。いや、ちょっと目先の利いた小学生なら、きっとあなたより器用に、素早く、正確に反応液を混ぜ合わせられる。

なぜあなたは大学を出て、大学院に進学し、苦労して博士号（Ph.D.）までとったのか？それはマニュアルどおり反応を行って、はい、うまく反応しませんでした、と報告するためではない。うまく反応しない、その理由を考え、その原因を突き止め、その問題を解決するため、君はここにいるんだ。

だから、このセミナーの場に、ここまでがんばってやりましたがうまくいきませんでした、というネガティブ・データだけを持ってくることは決して許されない。

ポジティブな成果が出ないということが意味するところはひとつしかない。君が無能だということ。私が今日確認できた唯一のことは、研究室のボスとして私は無能さに給与を払っているということだ。でも私は明日もまた無能さに給与を払い続けるつもりはない。研究はチャリティではない。そのことを忘れないでほしい。

そう。ボトムライン（とどのつまり）はいつでもそこにある。ボスは金を払い、ポスドクはその金で雇われている。

ボスからの死刑宣告が終わると、ラボの他のメンバーからさまざまな指摘と指弾を浴びる。精製のためのカラム操作がうまくいかないのは、カラムを事前に十分冷やしていないからではないか。溶液の塩濃度が適切ではないのでは。その酵素は酸性pHでは安定ではないと思う。先週号のＪＢＣの論文、見た？　それによればマグネシウムイオンは少なくとも１ミリモルは必要だよ。君の反応液のイオン濃度は低すぎる。

ネガティブなデータに対する研究室メンバーのアドヴァイスは、親切な助言のように見えて実はそうではない。それは、一人前のポスドクなら決して犯してはならないはずの不注意や知識不足を確実にあぶりだすものである。同時に、アドヴァイスを与えた優秀な彼にとってそれは、当たり前の常識であり、いつも怠りなく十分な配慮を行っていますという、ボスへのひそかな自己ＰＲとなるのだ。

かくしてポスドクは、一月に一回ほどの頻度で回ってくるラボセミナーの当番日におびえて暮らすようになる。眩しい光と万雷の拍手はどこかへ遠ざかり、鈍い色の空と憂鬱な雲を見上げてため息をつく。

流浪の科学者、エフレイム・ラッカー

彼はこのようにして日々を過ごしていた。彼、とは私の先輩にあたる人物で、一年ほど前、つまり一九七九年四月から、ここコーネル大学・生物科学部の生化学研究室のポスドクとして働いていた。日本のＰ大学で博士号をとったあと二年ほどして留学する機会を得、一念発起して、世界で最も有名な、この生化学研究室に所属することになったのだ。

以下の物語は、この彼からの伝聞、および公表されたさまざまな論文、出版物などの記述にもとづくものである。

コーネル大学は、ニューヨーク州イサカという町にある。ニューヨーク・シティだけがニューヨークではない。国際便でニューヨークの空港についたあと、小型の国内線に乗り換える。北西に向けて四百キロのフライト。小さな小さな町につく。このあたりは、氷河が大昔、削り取った荒々しい谷筋があちこちに残っている。まさに自然の指先が長い年月をかけて大地に残した爪痕だ。それはやがて細長い湖となった。フィンガーレイク地域とも呼ばれるこの一帯は、今では森と水があやなすとても美しい場所だ。コーネル大学はその渓谷の中に位置している。深い木々。キャンパスを横断する川の流れ。尖塔やレンガ作りの建物がその中に見え隠れする。もし彼がポスドクでさえなければ、きっと群青色の空はどこまでも高く眼に映り、流れ行く淡い雲々を見て深呼吸をしたことだろう。

研究室が世界で最も有名な理由は、ボス、エフレイム・ラッカーが世界で最も有名な生化学者だったからである。

このとき、ラッカーはすでに六十代半ばだった。白髪痩身。黒ぶちの眼鏡の奥の目は、しかし、若いころからそうであっただろう鋭い光を放ち、表情にはいつも精悍さが湛えられていた。

初めての英語圏でまともに話せるはずもない。研究室を巡回してくるボスに、彼はいつもくぐもるような小声で、とぎれとぎれにしか会話することができなかった。ラッカーはぴしゃりといった。文法などどうでもよい。伝わる英語(working English)を話せ。研究室の公用語は、アクセントを強調した伝わる英語だ。研究室で話さなければ、それは存在しないことと同じだ。

ラッカーが話す英語自体が、アクセントを強調した、英語を母国語としない外国人の英語だった。二十世紀、アメリカの科学を作ったのはアメリカ人ではなかった。生命が絶え間のない流れであることを初めて分子レベルの解像度をもって語ったルドルフ・シェーンハイマー。DNAの構造に関するもっとも重要な手がかりを解き明かしたアーウィン・シャルガフ。ラッカーもまたこの系譜に属する流浪の科学者だった。

エフレイム・ラッカーは、一九一三年、ポーランドのユダヤ人家庭に生まれ、ウイーンで育った。ウイーン大学で医学を目指していた頃、ナチスの侵攻が開始された。ラッカーはイギリスに逃避し、第二次世界大戦がはじまると基礎医学を目指してアメリカに永住することを決意した。ミネソタ、ニューヨーク、コネチカットなどの大学や研究所を歴任して、一九六〇年代半ば、ここコーネル大学に落ち着いた。彼はここで大きな生化学研究部門を組織することになる。

ラッカーの研究テーマは一貫してエネルギー代謝だった。私たちは食べ物を食べる。それらはエネルギー源として体内に入り、細胞に取り込まれる。その時点で、エネルギー源としての食物は基本的にひとつの糖に変換されている。ブドウ糖（グルコース）。ブドウ糖を燃やして、ここからエネルギーを取り出す化学反応。それがエネルギー代謝である。ラッカーはこのプロセスに関わる経路と酵素の研究にその一生を捧げ、数々の発見を成し遂げていた。

細胞のエネルギー代謝

ラッカーの研究の根幹は、ＡＴＰという生体内物質がどのようにして作られ、どのようにして使われるかを発見したことにある。

ＡＴＰとは、アデノシン三リン酸の略号である。ＡＴＰは細胞内でエネルギーを蓄えている基本的な、そして一番重要な化学物質である。細胞は、酸素を使ってブドウ糖を燃やす。それは酸素を使って灯油を燃やすのと同じ化学反応である。燃やされた灯油は、熱エネルギーを放出する。燃やされた糖も、熱エネルギーを放出する。しかし、このままだと細胞はいっとき温められるだけで、熱はやがて拡散していってしまう。細胞はエネルギーをもっと多面的な用途に、時宜に応じて使いたい。そこで、細胞は、糖をゆっくり燃やしながら、一時、エネルギーを別の形態で備蓄している。それがＡＴＰという物質なのだ。

糖の燃焼とリンクしながら、ATPを作り出す酵素がATP合成酵素。ATP合成酵素の発見と精製が、ラッカーの成し遂げた最も華々しい成果だった。

一方、作られたATPは、エネルギーをその内部に閉じ込めながら、細胞内に貯められ、時に細胞内外を移動する。輸送と分配。そして必要なときに、ATPは分解される。このときエネルギーが放出され、そのエネルギーが細胞内のさまざまな仕事に利用される。ATPは分解されるとADP（アデノシン二リン酸）とリン酸に分かれる。ATPを分解しながら、そこに貯められたエネルギーを使って仕事を行う酵素、それがATP分解酵素というタンパク質である。これもまたラッカーがずっと研究対象としてきたタンパク質だった。

つまりラッカーは、常にATPとともにいた。ATPとともに回り、動き、思考した。細胞があざやかな方法でATPを合成するように、あざやかな方法でロジックを構築した。細胞が全く無駄のないやり方でATPを配置し消費するように、彼は全く無駄のないやり方で研究室を差配し、ポスドクを消費した。

なぜ細胞はガン化するのか

そんな中、ラッカーはある仮説の虜になっていた。ワールブルク効果。時は五十年を遡る。一九二〇年代、主導的な生化学者で、後にノーベル賞を受賞することになるオットー・ワールブルクは、ガンの原因について次のような強い信念を持っていた。ガンは呼吸の乱れによって起こる。この仮説は、しかし、その後、確実な証明がないまま広く受け入れられることはなかった。

ここでワールブルクが述べている「呼吸」とは、私たちが息を吸ったり吐いたりすることではない。細胞の呼吸のことである。細胞は酸素を使って糖を燃やす。このときエネルギーが生み出される。これが細胞の呼吸である。ワールブルクは、この仕組みに異常が起きることが細胞のガン化につながると考えたのである。それはまさにラッカーのフィールドだった。

ラッカーは、エネルギー代謝、つまり細胞の呼吸をずっと研究してきた。ワールブルクの仕事にも敬意を払っていた。そして自分の研究分野が、生物学上、最も重要な課題、すなわちガンと密接に関係しているかもしれない可能性に、ひそかに心を躍らせていた。実際、ラッカーは重要なヒントをすでに手にしていた。ガン化した細胞では、解糖系と呼ばれる生化学的なサイクルが亢進(こうしん)していることを突き止めていたのだ。ラッカーはこれをガン細胞のワールブルク効果と呼んだ。

ガンの研究が進歩した理由のひとつは、ガン細胞が自分の「分際」を忘れて、際限なく増え続けるという特徴そのものにある。普通の細胞は、筋肉の細胞なら筋肉の細胞、脳の細胞なら脳の細胞という具合に、専門化を果たすとそれ以上増殖することはない。もし取り出して、シャーレの中に入れて適切な温度と十分な栄養分を与えたとしても、しばらくのあいだ生きていることはあってもやがて死滅する。

ところがガン細胞は、専門化を逆行して無個性な細胞となり、無限に分裂しつづける。身体の中でそれが進行すると、他の細胞の秩序が乱され、身体自体が死に追い込まれる。しかしそれでもガン細胞は増殖することをやめない。ガンは致命的な病なのに、ガン細胞は不死なのである。だからガン細胞を取り出して、シャーレの中に入れて適切な温度と十分な栄養分を与えるといくらでも増殖し、培養しつづけることができる。

エールリッヒ腹水ガン細胞は、このような状態の培養細胞のひとつだった。研究者から研究者へ手渡され、世界中の研究室の恒温培養器の中で、今日もまた分裂を続けている。

培養細胞は、研究者にとって宝の山だ。均一なガン細胞をほしいだけいくらでも増やせる。同じ条件、同じ数の細胞を随時用意できるので、比較対照実験が容易にできる。動物を殺して臓器を摘出し、正常な細胞とガン細胞をより分けるような、煩雑で不正確な操作をする必要が一切ない。シャーレを開けて、薬をふりかけたり、必要な数だけとってすりつぶしてさまざまな検査に供することがいとも簡単にできる。

ラッカーは、エールリッヒ腹水ガン細胞が、ワールブルク効果を示すことを発見していた。つまり、糖を分解してエネルギーを作り出す経路、解糖系の反応が、正常な細胞よりもずっと高まっている。洞察力に満ちたラッカーはその理由としてひとつの仮説を持っていた。それはATPという細胞内物質の動態に深く関係している。

ガン細胞では、ATP分解酵素が異常をきたしている。だからATPが無駄に分解されてしまう。つまりエネルギーが無駄に放出される。その結果、ADPとリン酸が無益に多く生じる。ADPとリン酸は、解糖系の反応を活性化する。かくしてガン細胞では解糖が亢進するのだ。解糖系は、糖を燃やしてATPを作る経路のひとつである。ガン細胞は、無益なATPの消費と無益なATPの生産を永遠に繰り返している、果てしのない浪費細胞なのだ。これがラッカーが構築しようとしていた究極的な理論の城だった。

忍耐と体力勝負の精製実験

問題は、この仮説を立証することだった。この仮説が立証されれば、ガン細胞というものをエネルギー代謝の面から新たに見直すことが可能となる。それは画期的な大発見である。間違いなくノーベル賞級の。

エールリッヒ腹水ガン細胞からATP分解酵素を精製し、正常な細胞のATP分解酵素と何が違うかを比較する。それがポスドクに課せられた喫緊の課題だった。

世界中からラッカー研究室に集まった名うてのポスドクたちが次々とこのプロジェクトに投入された。日本からやってきた彼もこのチームに放り込まれた。しかし仮説の美しさとはうらはらに、実験は遅々として進展する気配がなかった。ATP分解酵素の精製は、生化学研究の訓練を十分に受けてきたはずのポスドクたちにとっても、簡単な課題ではなかったのである。ラッカーの苛立ちは高まり、ポスドクたちの焦りも色濃いものとなる。研究室セミナーは、だから常に、異常な緊張の中で行われることになった。

タンパク質の精製それ自体がそもそもたやすい仕事ではない。まず出発材料としてたくさんのエールリッヒ腹水ガン細胞を培養しなければならない。場合によっては何百枚ものシャーレを使って。ゴムのへらを用いて、シャーレの底面に張りついた細胞を次々とこそげ取り、それを丹念に試験管に集める。高価な培養液を買い、手間ひまかけて培養した細胞は貴重なので少しでも取り残しがないよう、シャーレを洗いながら、繰り返しガン細胞の回収に努めなければならない。それはまるで、アイスクリームのカップの底をいじきたなくいつまでもスプーンでかきとる動作に似ている。精製に携わるポスドクたちのメンタリティそのものも、知らず知らずのうちにいじきたなくなる。

試験管に集めた細胞は、遠心操作によって濃縮される。数百万個のガン細胞が集められたとはいっても、それは試験管の底に沈んだ白い豆粒程度のかたまりでしかない。これをすりつぶす。細胞をすりつぶすための特殊な道具があるのだ。ガラスの筒状のシリンダーの中を硬質プラスティックのピストンが往復するように作られた器具。ここに細胞を流し込み、ピストンを上下する。ガン細胞は、ガラスの壁面とピストンのプラスティック面に挟まれて、ここを通り抜ける際にすりつぶされ、細胞の中身が外へ一斉に出てくる。原始的に見えるけれど、このような物理的な方法が、細胞内のタンパク質に悪影響を及ぼさない最もよい方法なのだ。不用意な分解反応が進行しないよう、この作業は氷で器具を冷やしながら行わねばならない。

こうしてガン細胞は破砕され、ガラス管の中は細胞を構成する数万種のタンパク質、脂質、糖質、核酸などのミックスジュースと化す。この雑多な混合物の中から、たった一種類のタンパク質だけを、つまりATP分解酵素だけをより分けてこなければならない。

そのために、細かいミクロなふるいにかけて細胞成分をその粒子の大きさごとに分別したり、あるいはプラス極とマイナス極のあいだにおいて、分子の電気的な差を反映した移動度によって峻別するといった操作を繰り返し行って、目的とするATP分解酵素を含む画分（かくぶん）を絞り込み、濃縮していかなくてはならない。

この分別操作を進めるにあたって、一番肝心なのは、全くあたりまえのことではあるが、ATP分解酵素がどこに存在しているのか、常にモニターしておく必要がある、ということである。細かいミクロなふるいにかけて、細胞内の分子をその大きさごとに、大から小まで百本の試験管に振り分けたとする。そもそもATP分解酵素の諸性質は未知なのだから、あらかじめその大きさがわかっているわけではない。特殊な色がついているわけでもない。だから何番目の試験管にATP分解酵素が入っているかは調べてみるまではわからないことになる。一体、どのようにして調べるべきか。ATP分解酵素を特徴づけるのは、ATPを分解して、エネルギーを生み出し、ADPとリン酸にする、というこの性質をおいてはない。

そこで行うべきことは、百本の試験管から、それぞれほんの一部をとって別の百本の試験管に移し、そこに一定量のATPを入れ、一定の時間経過の後、ATPが分解されて、ADPとリン酸が生成しているかどうかを調べるという作業になる。たとえばリン酸が生成されていれば、特別の色を呈するような検出反応があるので、これを百本の試験管に対して行う。

いちいちほんの一部をとってこの反応を行う理由は、もとの試験管に入っているはずのATP分解酵素はまだまだ十分に精製されていないから、そのまま手つかずの状態で保存しておいて、それを次の分別操作に供さねばならないためだ。呈色反応に使った一部は一部とはいえそれで消費されてしまうことになる。だから精製の一ステップごとにATP分解酵素のサンプル量は必然的に、逓減していくことになる。精製に何ステップも要するとサンプルはどんどん減っていき、最後には有効な量がほとんど残っていない可能性すらある。だから精製実験を行う者のふるまい方と精神は、ますます貧乏くさく、いじきたないものにならざるを得ない。

そして精製というこの行為は、特定の分子を純粋な単一物質として細胞内から取り出す、という生命科学にとって避けがたいまでに重要で、ある意味でとても崇高な営為にもかかわらず、実際に行うこと自体は忍耐と体力勝負の、ほとんど泥臭いまでに単純な作業の繰り返しであるという点が、さらにポスドクたちを疲弊させていくのだった。

季節は慌ただしく過ぎ去っていった。青々と茂っていたキャンパスのイタヤカエデは目も覚めるような黄色になった。彼は落ちた葉を踏みながら研究棟を行き来した。カエデの木がすっかり葉を落として、枝のあいだに冷たい空が広がっていることにもしばらく気がつかなかった。いつの間にか冬がやってきていた。イサカの冬は長く深い。仕事には相変わらず芳しい進展はなかった。

そんなある日、研究室に新人がやってきた。マーク・スペクター。二十四歳。紅顔の美少年という形容詞がぴったりの、端整で細身の立ち姿。スペクターはポスドクではなかった。博士号ももっていない。これから学位の取得をめざす、初々しい大学院一年生としてラッカー研究室に入ってきた、まさに新人だった。しかし、スペクターは単なる新人ではなかった。彼はあらゆる意味で、天才だった。

第9章　細胞の指紋を求めて

滞在の終わる頃になると、私は、ボブ・ワインバーグやマイク・ウィグラーや彼らのチームの人々を深く尊敬し、大好きにさえなっていた。彼らは私に、科学することの甘美さを教えてくれた良き友となったのである。もし私がもう一度人生をやり直すとしたなら、きっと分子生物学者になることだろう。

（N・エインジャー『がん遺伝子に挑む』、野田洋子・野田亮訳）

タンパク質の挙動を調べる「レシピ」

SDS—PAGE。ドデシル硫酸ナトリウム—ポリアクリルアミドゲル電気泳動、の略である。実験者たちはこの「レシピ」を使って、タンパク質の挙動を調べる。

四角いガラス板が二枚。およそ10センチメートル四方。きれいに洗ってある。一枚のガラス板を実験台の上に置く。ついで、ガラス板の縦の辺に沿って、プラスティックの棒を乗せる。左辺と右辺に一本ずつ。それは、安い棒つきアイスの棒に似ている。細長くて平たい。そうしておいてから、もう一枚のガラス板をそっとその上からかぶせる。アイスの棒をずらさないように。マーク・スペクターの、見るからに器用そうな、きれいな爪をした長い指が、左右から二枚のガラスをつまみ、間に挟まれたアイス棒ごと、すっと引き起こす。

ガラス板—アイス棒—ガラス板のサンドイッチを立てたまま、小型の台座のようなものの上に乗せる。傍らに用意してあったクリップ（書類を三十枚くらいとめられそうな、強くて大きめのサイズのもの）を使って、台座の背もたれに、サンドイッチを左右から挟んで固定する。

この間、およそ三秒。全く無駄のない動きである。二枚のガラスは、アイス棒の厚みだけを隔てて、それはおよそ1ミリほどの間隙だが、垂直に立っている。底辺部分は、台座に敷かれたゴムマットに押しつけられている。スペクターの指は、ガラスに沿ってゴムマットをすーっと往復して、そこに液漏れの原因となるずれやよれがないことを確認する。上辺部分は、ごく狭い隙間ながら開口している。左右の辺はアイス棒によって閉じられている。このあまりにも薄い、四角い空隙に、アクリルアミドの溶液が注ぎ込まれることになる。

スペクターは半歩、実験台を右に移り、そこで試薬の調製を始める。何をどれくらいの量混ぜればよいかはもう既に完璧に暗記している。毎日毎日、これほど多くの電気泳動をこなしていればもうそれは覚えよと言われるまでもなく、覚えてしまうことになる。しかし慎重なスペクターは、実験台の上にしつらえてある試薬棚の柱に、レシピの早見表をちゃんと貼っていた。彼の眼はすばやくそれをチェックする。

グッド・ラボラトリー・プラクティス。実験室におけるよき習慣。ヒトは常に間違える。忘れる。混乱する。だから、それをしないよう注意するのではなく、それが起こらないための方法論を考えよ。あるいはミスが起こったとき、その被害が最小限にとどまるような仕組みを考えよ。それが君たちの仕事だ。

実験室のボス、エフレイム・ラッカーは常にそう言って回っていた。

今、入れたはずの試薬を本当に入れたかどうか一瞬不安になる。容量はほんのごくわずかなので（たとえば100に対して1を入れる）、液の増加量からはそれが判定できない。あるいは、何本もの試験管を相手に、同じ作業を繰り返していると、ふと、いったい何番目までが作業済みで、何番目からが未作業なのか、わからなくなる。だから？　一つの所作、一つの工程が終わったら、必ず試験管の位置を、この列から次の列に移すようにする。混ぜ合わせる試薬のリストは常に見えるような場所に貼っておく。可能であれば、一つの試薬を投入するごとに、レ点を打つ。

ラッカーの最も新しい弟子、そして早くもラッカーの最も覚えめでたい弟子となったスペクターは、そのような教えをひとつひとつちゃんと実行しているのだ。

アクリルアミドの高分子化

小さなビーカーの中に入れられたアクリルアミドは、何の変哲もない透明な溶液だ。スペクターはそこへ必要な試薬を次々に加えていく。何事も起こらない。彼は、ビーカーを氷の上に置き冷やす。反応が急速に進みすぎないよう、溶液の温度を下げておくためである。ここから先の作業はスピード勝負となる。加えるべき試薬はあとひとつだけ。その段階まで準備を進めた時点で、スペクターは実験台をひととおり見渡す。これから行う動作をイメージしているのだ。正しいものが正しい場所にあり、不要なものが動線の上にないかどうかを。

その上で、彼は細いガラスのピペットを使って、最後の試薬をビンから定量とってビーカーの中にポトリと落とす。それは本当にほんの一滴でしかない。しかしこの一滴が最初の引き金を引く。反応開始剤。劇的な連鎖反応がスタートする。アクリルアミドの分子が互いに手と手を結び合って急速に重合する。つまりアクリルアミドは高分子化し、固まっていくのだ。

スペクターはビーカーを持ち上げると、まるでワイングラスをくるりと回すようにして内部の溶液を混和してから、さきほど組み立てたガラス板の上辺部にぴたりと当てた。そしてたった1ミリの幅しかないガラス板とガラス板の間隙にビーカーの中身を注ぎ込み始める。液は細い糸となって流れ落ち、底辺に達すると左右に広がって瞬く間に空隙を埋めていく。

ビーカーを支えるスペクターの手は、石膏像のように微動だにしない。もし液の流量が大きすぎれば、狭い間隙から外へあふれ出てしまう。もし液の流量が小さすぎれば、液が途切れたすきをついて微小な気泡が紛れ込む。あるいはもたついているうちに、溶液が固まり始めてしまう。彼の指先はビーカーの角度を微塵の狂いもなく一定の変化量に保って、適量の流れを作り出す。

ビーカーが空になると、ガラス板とガラス板に挟まれた空間の上部に静かな水平線が見える。反応液がその水位まで、それはおよそガラス板の高さの八割程度なのだが、そこまで注ぎ込まれたのである。凝らされたスペクターの眼はガラス板の内部を見渡し、ゴミや泡が紛れ込んでいないか調べる。もしそのような異物があれば、電気泳動の障害物となり、実験には使えない。

そのあいだにも、重合反応は急速に進行し、アクリルアミドの高分子化(ポリマー)が起こっている。先ほどまで、さらさらとした溶液でしかなかった反応液は急速に固まっていく。それはちょうど寒天かゼラチンのような、透明でプルンとした物質となる。アクリルアミドは互いに網目状に連結し、ポリアクリルアミドゲルとなる（ポリ、は多数の意）。彼らはそれを単にゲルと呼ぶ。もちろんガラスとガラスのあいだに挟まれたゲルの触感を、もはや指先で確かめることはできない。

反応が完了してアクリルアミドが固まったかどうかは簡単にわかる。ガラス板をそっと傾ける。すると水平線も傾く。こうしておいてから、スペクターはおもむろにもう一度、新たに溶液の調製を始める。今度はずっと少量だ。この少量のアクリルアミド溶液は、先ほどとほとんど同じ手順によって作られ、再び、手際よく、もう二割ほど残っているガラス板上部の隙間に注ぎ込まれる。液は、すでに固まっているゲルの水平線の上に音もなく重なっていく。ガラス板の上辺の開口部から溢れそうになるぎりぎりまで液を入れ終えると、スペクターの手はぴたりと止まる。

ゲルに小さな浅い井戸を掘る

ことりとビーカーを実験台の上におくと、今度はプラスティックでできた薄い板を両手の人差し指と親指でつまむ。それは櫛（くし）のように見える。しかし普通の櫛より歯は粗く、十本ほどしかない。歯の幅は3ミリ、長さは5ミリ程度。しかも歯は、いずれも鋭利なカッターで切りだしたような長方形をしてならんでいる。

スペクターはこの櫛の両端を支えたまま、その歯を垂直に、ゆっくりと、しかし確実にゲルの中へ押し込んでいく。ゲルはまだ固まっていない。櫛の厚みはちょうどガラス板の間隙と同じか、ほんのわずかに薄い程度なので、挿入にはかなりの力がいる。そして櫛の歯が侵入した分、溶液が溢れ出る。均等に、櫛はその深度を少しずつ深める。そして櫛の歯は、根本までしっかりと差し込まれてから止まる。つまり歯は幅3ミリ、深さ5ミリの長方形の小さな浅い「井戸」をゲルの上端部に並べて掘ったことになる。アクリルアミドの溶液はそのあと高分子化反応を進め、櫛の歯の両側の長方形をきっちり埋めたまま固まる。

こうして出来上がったポリアクリルアミドゲルを、ガラス板に挟んだまま、櫛ごと、別の装置に付けかえる。電気泳動槽。透明なアクリル樹脂の板を貼り合わせて作られたこの装置は、一見、器用な少年が組み立てた夏休みの宿題工作のようだ。装置の上部と下部に、それぞれ液を貯めることのできる小型の水槽がしつらえてある。ガラス板に挟まれたゲルは、この上下の水槽のあいだを、垂直に橋渡しするように取り付けられる。ゲルの底辺は、装置下部の水槽に浸される。ゲルの上端、櫛が差し込まれている部分は、装置上部の水槽の縁に接する。接した隙間から水漏れが起きないようゴムのパッキングがつけられていて、ゲルはガラス板ごとこの電気泳動槽に密着され留め具で固定される。

ここまで作業を進めてから、スペクターは櫛の左右を指でつまんでゆっくりと引き上げ、そのままそれを取り外す。櫛が抜けた後は、櫛の形にゲルが残る。それは幼児の小さな歯のようにきれいに並んでゲルの上端に型をつけている。上部水槽に水を注ぎ込む。液は、水槽を満たしたあとその喫水線を越えて一辺から溢れ出す。溢れ出た液は、ガラスの隙間に流れ込み、櫛の歯があった場所にできた長方形の井戸を満たす。これで準備が完了する。スペクターはほんの一瞬、息を緩めた。

井戸に細胞サンプルを落とす

細胞の中には、何百種類、何千種類ものタンパク質が活動し、細胞の生命活動を支えている。タンパク質はそれぞれ特有の大きさと形をもち、特有の役割を担う。時間とともにそれらは増減し、壊され、また作り直される。分子の表面に特殊な修飾が施され、次の瞬間には、それが剝ぎ取られる。科学者たちは何とかその様子を可視化したいと願った。タンパク質のふるまい方が、細胞のふるまい方を決めているから。

そのためには、細胞内のタンパク質をまずは何らかの基準に従って仕分けする必要がある。たとえばサイズに応じて。たとえば電気的な性質に応じて。その上で比べる。正常な状態とガン化した状態を。ある時点と別の時点とを。生まれたばかりの頃と年老いた頃を。

それを実験台の上で可能にする方法が、SDS—PAGEだった。シャーレから回収された培養細胞は、SDSという薬物と混ぜ合わされる。SDSは、細胞を取り囲む膜を溶かして、細胞内のタンパク質をすべて外へ引きずり出す。それだけではない。SDSは、タンパク質のひも状の構造の上に、頭から尻尾までくまなく張りつく。そしてタンパク質を無力化するとともに、タンパク質をコーティングしてしまう。この時点で、細胞は死ぬ。タンパク質の増減、変化、消長はすべてストップする。生命活動の時間は止まり、タンパク質の動きは完全にフリーズされる。止めることによって、はじめてそれを見ることができるようになる。

スペクターは、電気泳動槽の前にかがみこみ、そこにセットされたポリアクリルアミドゲルの高さに眼を合わせる。槽のアクリル板も、ガラス板も、そしてゲルもみな透明だが、よく見るとすこしずつ見え方が違う。光の屈折率が異なるからである。ガラスとガラスに挟まれたゲルの輪郭を確認する。櫛の歯が作った小さな浅い井戸。その浅い窪みが細胞サンプルをゲルの内部に入れるためのスタート台となる。

まず、細い針のついた注射器で、細胞をSDSで処理して作ったサンプルが入った試管の底から、液をゆっくりと吸い上げる。親指と中指が注射器の筒に添えられる。人差し指は引き上げられたピストンに置かれるが、まだ力は加えない。細い針先は、ゲルを挟んだ二枚のガラスの間を探り当て、そのまま間隙をほんのわずかだけ降下する。そこは、櫛の歯で作られたゲルの小さな「井戸」にあたる穴。針はその位置で静止する。人差し指が下がりだす。針先から細胞サンプルが放出されはじめる。サンプル液は比重が重いので、ちょうど水あめを水中に落とすように、とろりと落下しながら井戸の底に達してたまる。

サンプルの滴下、つまりローディングを一回終えるごとに、注射器を入念に洗う。そして次の細胞サンプルを、ゲルの、隣の井戸にローディングする。通例、一枚のゲルに、櫛の歯で作られた井戸は十ほどあり、そこへ順に細胞サンプルを、相互に混じり合ったり、入れ間違いがないよう、注意しながらローディングしていく。どの井戸に、どの細胞サンプルをローディングしたか、実験ノートにきちんと記録する。

タンパク質を泳がせる

この作業を終えるといよいよ「泳動」の開始だ。一体、何が泳ぐのか。タンパク質である。電気泳動槽の下側の水槽からは電気コードが延びて、電源装置のプラス極につながれている。一方、上側の水槽はマイナス極につながれている。つまり、ポリアクリルアミドゲルの上下両端に電圧がかけられるようになっている。

ローディングされた細胞タンパク質のサンプルはＳＤＳによってマイナスの電荷を帯びている。だからタンパク質はどんな分子であっても、プラス極の側に、つまりゲルの下側の方向に引き寄せられることになる。電源をオンにすると、よーいどん！　タンパク質のレースが開始される。井戸はスタート台。井戸の底から先はポリアクリルアミドのゲル。それが競泳プールにあたる。それぞれのレーンの中をタンパク質は一斉に泳ぎ始める。

しかし、いくら強力な電圧によって、タンパク質がプラス極に向かって引き寄せられるとはいえ、プールのコースを人間が泳ぐのとは大きく異なることがひとつある。タンパク質は、単なる水中ではなく、水中に浸されたポリアクリルアミドゲルの内部を泳ぐという点である。タンパク質にとって、ポリアクリルアミドゲルは、水中に縦横に張り巡らされた網の目状の障害物となる。網の目にぶつかり、手足をとられ、かいくぐりながらプラス極に向かって懸命に泳ぎ続けなければならない。

この状況下である面白い現象が起きる。それはまさに、ＳＤＳ―ＰＡＧＥを考案した科学者レムリーが意図したことでもある。

タンパク質は、分子の種類によって固有の大きさがある。インシュリンというホルモンは小型のタンパク質であり、アミラーゼという酵素は中型、筋肉の成分であるミオシンは大型のタンパク質である。それぞれのサイズは分子量という数値で示される。インシュリンの分子量は6000、アミラーゼは50000、ミオシンなら200000。この数値は、そのタンパク質がどんなアミノ酸がいくつ連結しているかによって決まる。タンパク質ごとにそのアミノ酸配列があらかじめ決まっているので、分子量も決まっている。

細胞をすり潰して作られたサンプルは、分子量の異なるタンパク質の混合物である。SDSによって処理されているので、タンパク質はどれも強いマイナスの電荷を帯びており、今や個々のタンパク質が本来有していた電気的性質は消し去られてどれもマイナス電荷の分子となっている。そうなると分子の違いはそのサイズだけになる。

これらが一斉に、ポリアクリルアミドゲルの網目の中を競泳する。するとたんに有利不利が如実に現れる。サイズの小さな分子は、スムーズに網目をくぐり抜けることができる。サイズの大きな分子は、高い頻度で網目にぶつかり、跳ね返され、右往左往しながら何とか進む。つまり、このレースは、分子量に応じて進む行程が大幅に異なってしまう。小さい分子が圧倒的に有利で、大きい分子が圧倒的に不利になる。そしてその差は、レースの時間が長くなればなるほど開いていくことになる。

ポリアクリルアミドゲルの一レーンの行程はたった10センチメートルほどだが、それは微細なタンパク質の競泳者にとっては十分長い。通電して一時間ほど経過すると、細胞に含まれる最も小さなタンパク質分子は、最も早く障害物の網の目を通り抜け、すでにゴール近くに（つまりゲルの下端近くに）達する。一方、細胞に含まれる最も大きなタンパク質分子は、あらゆる網目にそのつど捕まってなかなか進行することを許されず、なおスタート台（ゲル上辺）からわずかに離れたところまでしか距離をかせいでいない。そして細胞に含まれる中間的な分子量のタンパク質の数々は、ゴールとスタートとのあいだのいずれかの地点に、その分子量に応じて、順に並びながらそれぞれ懸命に泳いでいることになる。

つまりここで起こっていることは、最初スタート台に置かれたときに混沌としていた細胞内タンパク質の混合物が、ポリアクリルアミドゲルの網目の中で順に仕分けされ、ふるい分けられて、分子量の順に今や整列している、ということである。

ストップウオッチで正確に通電時間を測っていたスペクターはブザーの音でノートから目を上げた。一番小さな分子がゲルの下端に到達する時間だ。電源のスイッチが切られた。各タンパク質分子はその動因力を失って、網の目の内部にからめとられたまま、その場に留まる。もちろんそれはまだ眼に見ることはできない。

細胞の指紋を浮かび上がらせる

スペクターはガラス板を電気泳動槽から取り外し、ラップの上においた。平たい金属製のスパーテル（へら）を使って、ゲルを傷つけないようにガラス板の角の部分をほんのすこしだけ持ち上げる。空気がガラス板のあいだに侵入し、ガラス板のサンドイッチの一方がはがれる。透明な寒天状のポリアクリルアミドゲルは、もう一方のガラス板に張りついたままだ。そこにゲルがのっていることはよく目を凝らさないと見えない。

スペクターは、実験用の薄いゴム手袋をつけた手で、ガラス板を水平を保ちながら持ち上げ、かたわらのトレイに運ぶ。そして中に向けて斜めに差し入れる。そこには群青色の染色液が満たされている。その青さは濃く、わずかな深度にもかかわらずトレイの底面は見えない。染色液がガラス面を濡らすとともに、ガラスからポリアクリルアミドゲルがはらりとはがれ、濃い青の中に浸かって見えなくなった。

この青い染料は、タンパク質だけを染め出す特殊な化学物質である。ポリアクリルアミドゲルの中に浸透し、そこにあるタンパク質に結合する。十分ほど染色を行った後、スペクターは、ゲルを破らないよう、また裏表がわからなくならないよう慎重な手つきで、次のトレイに移しかえる。そこには透明の、すっぱい匂いの液が満たされている。これは脱色液だ。ゲルの、タンパク質ではない部分にしみこんだ、余分な青い染料を洗い流す。トレイ全体は、緩やかに前後に揺れる振盪装置に乗せられる。ガラス板の支持を失った薄いゲルは、たよりなげにゆらゆらと脱色液の中を左右にたゆたう。

染色直後は真っ青に染められていた一辺10センチの四角いゲルは、徐々にその絵柄をあらわにする。細い幅のレーンにはプラス極からマイナス極にかけてさまざまなタンパク質が青いバンドとなって染め出される。細胞にたくさん含まれるタンパク質は太いバンドで、わずかしか含まれないバンドはかそけき細いバンドで。似通った分子量のタンパク質が前後にたくさんある箇所ではバンドは密になり、そうではない箇所は粗になる。まるでその文様は、短冊状に細く切られたバーコード・タグのように見える。

そしてそれはまさに細胞の様子を示すこの上ないコードなのだ。バーコードは、細胞の指紋。タンパク質によるプロファイリングである。

ある一定の状態における細胞の、SDS—PAGEによるタンパク質のプロファイリングはおよそ一定となる。特定の分子量に位置する特定のタンパク質の存在量は同じだから、同じ文様のバーコード・パターンが得られる。

一方、同じ細胞であってもまったく別の状態、たとえばガン化した状態の細胞は異なるプロファイルを示す。ガン細胞をすり潰す。SDS—PAGEによって分析する。比較のために、ガン化していない、正常の細胞のサンプルをゲルの隣のレーンにおく。並行して同時に電気泳動を行う。そして二つのレーンのバーコードを比べる。

ガン化していても、多くの生化学的な反応は、細胞が生きていくうえで同じように進行している。だから、バーコードとなって現れるタンパク質のバンドのほとんどは、正常の細胞でもガン化した細胞でも、多少の量の差はあれ、ほぼ同じである。つまり両者のバーコードは、重ね合わせるとおよそ一致する。

しかし、注意深くバンドを見比べていくと差異が見出せる。ガン化した細胞で増加しているタンパク質。一方でガン化している細胞で減少しているタンパク質。あるいはガン化している細胞だけで出現しているタンパク質。ガン化している細胞だけで消失しているタンパク質。多い少ない。あるいは有無。差異は、細胞のガン化に何らかの関係があるに違いない。

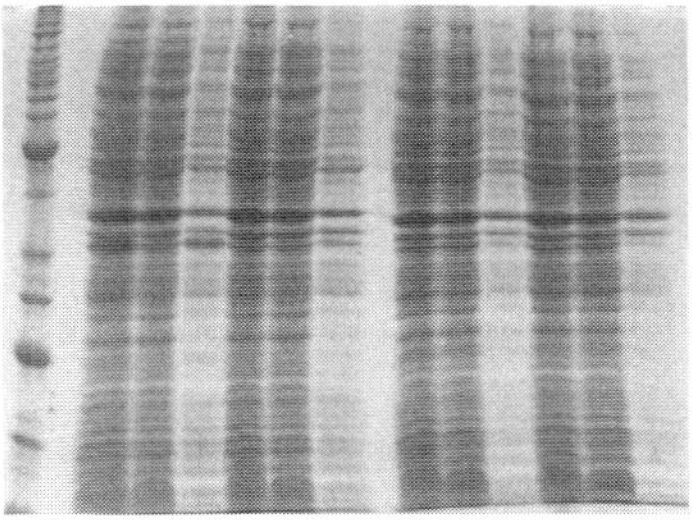

タンパク質が織りなすバーコード
（撮影：筆者）

卓越した実験者

オハイオ州の田舎の大学を修了したばかり。それも講義中心の課程で、ほとんど実験室での経験がなかったはずなのに、スペクターは、細胞とタンパク質の取り扱い、その分析技術を瞬く間に自分のものとした。たしかに彼は器用であり、段取りがよかった。

クリティカルなステップでは細心の注意と集中力の焦点をあわせ、ラフなステップは大胆にこなして実験を手際よくすすめる。緩急の配分は、初心者にはなかなかわからない。何十もある手順の中で、一体どれが急所で、どこで力を抜いたらよいのかが見えないから。各ステップの動作の意味、その背後で進行しているケミストリーが十分理解できていないから。しかし、スペクターは、最小限の経験でそれを次々と見抜いていった。彼は十分にシャープだったのだ。

そして何より、彼は十二分にハード・ワーカーだった。彼はとりつかれたように実験した。SDS—PAGEは、ゲルの準備と組み立て、サンプルの調製とローディング、泳動、染色と脱色など一連の操作を行うのに、一クール最低でも二〜三時間を要する。結果を見て、次の実験を組み立てる。そしてもう一クールSDS—PAGEを行う。すると大体、一日が暮れるのが普通だ。

しかし、スペクターはさらに実験を続けた。一日に何回もSDS—PAGEを繰り返した。日本から一年まえにやってきていたポスドクは、スペクターの実験台を見て唖然とした。そこにはいつも、数枚から十枚ちかいポリアクリルアミドゲルが並べられていた。

シャープかつハード。しかし、それだけではない何かが彼には宿っていた。初めて実験にたずさわるときからそれは現れ出でていた。指先からかすかに滲み出る光の線のようなものとして。光の線は、細胞の内部で今起こっていることの粒だちをなぞり、ゲルの表面に浮かぶ無数の青いバーコードの起伏をたどって、それを指の腹に伝える。その感触の意味するところを彼は最初から捉えていた。

ほどなくスペクターは大発見を行うことになる。

第10章　スペクターの神業

私の姿は私自身にすら見えない。
ましてランプや、ランプに反射してゐる帆に見えようか？
だが私からランプと帆ははっきり見える。
凍えて遠く、私は闇を廻るばかりだ。

（丸山薫「鷗の歌」）

なぜスペクターにだけそれができたか

その論文の原稿は、一九八〇年二月十九日、生化学分野の一流専門誌ジャーナル・オブ・バイオロジカルケミストリーの編集部に届けられた。マーク・スペクターが、エフレイム・ラッカー研究室に所属したのはまさにその同じ年の一月だった。つまりスペクターがこの論文に記載された実験を成したのはたったひと月足らずのあいだ、ということになる。

ポスドクたちは、ずっと研究の修行を続け、博士号まで取得して、研究のことならひととおり何でも知っており、どんなことでもわかっているつもりでいる。しかし、そのようなつもりになれるのは、彼が、同じ場所に、ありていにいえばわずか10メートル四方ほどの世間に長い長い期間、籠っていたからである。牢名主は、鉄格子のさび具合まで知ることができるだろうし、それ以外に知るべきことはないのである。

そんなポスドクが、新しい監獄に投げ込まれたらどうなるか。しばらくの間できることはといえば、研究室(ラボ)の中をただただ右往左往することだけである。このサイズの試験管はどこにしまってあるのか。試験管があっても試験管を立てるラックは。もし試験管が足りないのであれば、どこへどのように発注したらよいのか。おろおろしながら先住者の肩越しにやり方を盗み見て、なんとかそれをまねする。

ただでさえラッカー研究室は世界的に見ても大所帯だ。大型遠心機はこの研究棟の何階にあるのか。使うための予約方法は。誰かがサンプルチューブを入れたローターをそのまま使いっぱなしにしているときは、いったいどう対処すればよいのか。慣れない言葉。ひと月ふた月の右往左往など一瞬にして経過する。

なのに、スペクターはすでにひとつの課題を終了していた。その論文は、同誌の「コミュニケーション」欄に提出された。「コミュニケーション」欄は、重要な発見で、競争が激しく、特に公表を急ぐべき発見を記した論文が優先して掲載されるところである。それだけ審査も厳しい。実験は、ガンについてのラッカーの仮説を、ものの見事に立証するものだった。

スペクターは、エールリッヒ腹水ガン細胞から、ATP分解酵素を精製した。論文に掲げられたSDS—PAGEは、精製のステップを重ねるごとにバーコードの数が減少していること、つまり、不必要なタンパク質が捨てられ、必要なタンパク質だけが選択されていることを示していた。つまり精製は、正しく、美しく進められた。他のポスドクたちが束になってかかっても達成できなかったことをいとも簡単にやってのけたのだった。

なぜスペクターにだけそれができたのだろうか。それはおそらく、まさに他のポスドクたちがさまざまな方法を試みてうまくいかなかったがゆえに、スペクターにチャンスが巡ってきたといえるかもしれない。ラッカーは、ATPに関係するさまざまな酵素の精製法の開発でその名を高めてきたのであり、エールリッヒ腹水ガン細胞のATP分解酵素の精製についても、考えうるアイデアを順に試していった。その都度、ポスドクが消費されたにすぎない。

ATP分解酵素の精製が困難だった理由は、この酵素が単に水中を浮遊しているのではなく、細胞を取り囲む薄い膜、つまり〝細胞膜〟に埋もれて存在していることだった。このようなタイプのタンパク質を精製するためには、細胞膜をちょうど具合よく溶かしながら、膜に埋もれていたタンパク質を取り出し、取り出した後は、うまい具合に浮遊状態を維持しておかねばならない。膜から取り出されるとタンパク質は、お互いにくっついて水に溶けない凝集体となって沈澱してしまうことが多い。こうなると精製はそれ以上できずお手上げ状態となる。

だからここでは「具合」がとても大切となる。細胞膜を溶かす薬剤の選択、その濃度設定、温度設定、タイミング、遠心分離の強度……ここにはセオリーはない。あるのはおびただしい数の試行錯誤と経験則、そしてわずかなセンス——と呼ぶべきものがあるとすれば——である。

再構成実験にも成功

スペクターに経験則があろうはずはなかった。彼はここに来るまでポリアクリルアミドにさわったことすらなかったのだ。彼は、ラッカーが次々と繰り出す指示に従ってただただ黙々と試行錯誤を繰り返したのだろうか。そうかもしれない。彼はまごうことなき、ハード・ワーカーだったし、全く労を惜しむ（カット・ザ・コーナー）ことがなかった。あるいは彼の指先の光が、迷うことなく正解を探り当てたのだろうか。

事実としてあるのは、マーク・スペクターが一九八〇年の初頭、まったくの短期間のうちに、オクチルグリコシドという、細胞膜を溶かす薬剤と多段階の精製技術を駆使して、エールリッヒ腹水ガン細胞からATP分解酵素の精製に成功したということである。

しかし、彼が成し遂げたのはそれだけではなかった。彼は、試験管の中で、精製したATP分解酵素を、人工的に作り出した擬似的な細胞膜に埋め戻した。これを再構成実験という。

細胞膜の構成成分はリン脂質という物質である。リン脂質は純粋品を市販試薬として購入できる。これを溶媒に溶かし、超音波処理をかけたのち、溶媒を揮発させ、水中に分散させるとリン脂質は整列し、中空のボール状に集合する。これが人工的に作られた細胞膜であり、リポソームという（リポは脂質、ソームは球体の意）。もちろんそれは細胞膜そのものではなく、それに似た成分を持つ単なる薄い膜でしかない。でも実験用には十分なのだ。

リポソームを作る途中、精製したATP分解酵素をうまいタイミングで混ぜ込むと、ATP分解酵素は、それがもともとそうあったのと同じように、リポソームの薄い膜の中にはまり込む。ATP分解酵素は、膜の中にあるとき安定化し、膜の中にあって初めて働く。つまり、スペクターは、ガン細胞から精製したATP分解酵素が、ラッカーの予想するとおり、ほんとうに変調を来しているかどうか調べるため、はるばる長い道のりを経て、ガン細胞からそれを混じりけのない形で取り出し、それを再び混じりけのない人工膜の中に戻し、混じりけのない状態を再構成して、テストしてみたのである。
そして結果を出した。ガン細胞のATP分解酵素がワールブルク効果の犯人だった。

ガン細胞が浪費家なワケ

ラッカーの仮説をもう一度整理しておこう。ガンとは自らの分際を忘れた細胞で、その特徴は無目的な無限の増殖だ。そこには決定的に不毛な浪費がある。不毛な浪費とは、細胞の言葉でいえば、エネルギーの無駄な消費ということだ。細胞のエネルギーはATPという物質にためられる。

さて、スペクターとラッカーが注目していたATP分解酵素は、単にATPを分解するわけではない。ATPを分解することによってエネルギーをATPから取り出し、そのエネルギーを使ってきちんと仕事をしている。それはナトリウムイオンを細胞膜の内側から外側へ汲み出すという仕事である。この仕事によって、細胞は細胞膜の内外にナトリウムイオンの不均衡、つまり濃度勾配を常に作り出している。実はこの不均衡こそが生命現象の源泉となっているのだ。細胞の形態維持、神経インパルスの発生、筋肉の運動、さまざまな活動がナトリウムイオンの濃度勾配に依存している。

問題の核心は、その仕事の効率だった。正常な細胞ではそれは厳密に定められていた。一分子のＡＴＰが分解されることで生み出されるエネルギーによって、およそ二個のナトリウムイオンが運び出されていた。そのような数が一体どのようにしてわかるのか。そこがラッカーをラッカーたらしめた所以（ゆえん）だった。再構成実験である。

　リポソームは閉じた球体である。球体の膜（「皮」にあたる）に、精製されたＡＴＰ分解酵素が埋め込まれている。球体を水中に分散させる。水中にはナトリウムイオンが含まれている。しかしナトリウムイオンは膜を自動的に通過することはできないので、閉じた球体であるリポソームの中には進入することができない。もし、ＡＴＰ分解酵素がきちんと仕事をすれば、ナトリウムイオンは、ＡＴＰ分解酵素の内部の細い通路をたどって水中から、リポソームの内部に運ばれる。しかしまだそれは起きない。なぜなら、水中にはＡＴＰが存在しないからである。ナトリウムイオンに、ある仕掛けがしてある。放射性同位元素という標識が仕込んであり、もしわずかでも水中からリポソームの内部へナトリウムイオンが移動すればその数が後で割り出せる。

　スペクターは、正確に分量がわかっているごくわずかなＡＴＰを水中に滴下する。その瞬間、ＡＴＰ分解酵素は仕事を開始する。一分後、反応の結果を調べる。リポソームの中へ何個のナトリウムイオンが運ばれ、その間、どれだけのＡＴＰが分解されたかを。そして計算する。ＡＴＰ一分子が消費されるのに対し、ナトリウムイオンがいくつ輸送されたか。これがＡＴＰ分解酵素の仕事の効率である。

結果は明瞭だった。ガンではない、正常の細胞から精製されたＡＴＰ分解酵素を用いた実験では、先に記したようにＡＴＰ一つに対し、多少の変動はあれ二個弱のナトリウムイオンが運ばれる。しかし、ガン細胞では全く違っていた。ＡＴＰを一つ消費してもナトリウムイオンは一つも運ばれない。なんとＡＴＰをまるまる三つ消費してようやく一個のナトリウムイオンが運ばれるのだった。つまり、ガン細胞は、ナトリウムイオンの濃度勾配を維持するために、正常の細胞のおよそ六倍ものＡＴＰを動員しなければならない。だからこそガン細胞はエネルギーの浪費家なのだ。ラッカーの華麗な仮説は、スペクターの華麗な実験によってものの見事に立証されたのだった。

細胞レベルの仕事の切り替えスイッチ

むろん二人は先を急いだ。エールリッヒ腹水ガン細胞が浪費家なのは、ＡＴＰ分解酵素が浪費家だからだ。それはわかった。思ったとおりだった。では、ガン細胞のＡＴＰ分解酵素は、正常の細胞のそれと一体、何が違うのか。どこに問題があってＡＴＰを浪費してしまうのか。それがわかればガンがわかる。それがわかればガンが治せるかもしれない。

むろんラッカーにはアイデアがあった。ラッカーには常に道筋があった。それはリン酸化という道筋(カスケード)だった。生化学の世界に熱をもたらしつつある新しい現象だった。

遺伝子がオンになるとはどういうことか。DNA配列のうち、情報を担う部分がRNAにコピーされ、そのRNAをもとにタンパク質が組み立てられることをいう。つまり情報が、実効力を持つタンパク質として働き出すこと。

では、遺伝子がオフになるとは。そのタンパク質が分解され、RNAも分解され、もとのDNA配列からRNAが新たにコピーされることが抑制された状態のこと。実際、タンパク質も、RNAも、絶え間なく合成されては分解される運命、すなわち動的平衡状態にあるから、DNAからRNAがコピーされなくなれば、その部分の遺伝情報はまもなく実質的にオフになる。

では、あるタンパク質の働きが必要なときは、どんな場合でも、いちいちすべてDNAのレベルに戻って情報を呼び出してこなければならないのだろうか。あるタンパク質の働きを一瞬だけ停止させ、またすぐに再開させたいような場合、もっと機敏に仕事のオン・オフを切り替えることはできないのだろうか。

DNA→RNA→タンパク質という基本ルートをたどれば、実効性が現れるまでにどんなに早くても数分、普通は数時間から数日といった時間がかかる。怪我の治癒、皮膚や毛の成長など知覚しやすい過程を考えてみれば、生物時間のスケールがおおよそわかる。しかし細胞レベルではもっと素早く、場合によっては秒単位で、対応しなければならない変化がある。温度が急に変化する。酸素や栄養素のレベルが一時的に低下する。臨戦態勢に入る。病原体に急襲される。実際、そのような際のスイッチのオン・オフが発見された。それがタンパク質のリン酸化・脱リン酸化というものだった。

ミクロなくさび

タンパク質が一定の量、組み立てられる。細胞膜に埋め込まれる。しかしいまのところ、そのすべてが仕事をする必要はない。その半量はオンに、半量はオフにしておきたい。そんなとき、半数のタンパク質において、その駆動部分の小さな隙間に「くさび」を打ち込んで、動かないように一時停止しておく。いざというときには、その「くさび」を外す。するとタンパク質は復活し、すぐに仕事を始めるようになる。このように、簡便で、瞬時に脱着可能な、ミクロレベルのくさびが実際に存在する。それがリン酸である。

リン酸は、タンパク質を構成するアミノ酸のうち、水酸基（－OH）と呼ばれる構造をもつアミノ酸に付加される。するとそこにリン酸がもたらす強力なマイナス電荷が発生する。リン酸は付加されると自動的にははずれない。タンパク質の機能上、重要な駆動部に不必要な電荷が生じることはタンパク質の機能停止を意味する。実際、リン酸化によってスイッチのオン・オフがなされるタンパク質が当時、次々と発見されていた。

リン酸化を受けるアミノ酸として重要視されたのがチロシンだった。チロシンは大きな疎水性の——つまり水となじみにくい——官能基の先端に水酸基を持っている。その部分が特異的にリン酸化される（15頁の図を参照）。するとリン酸化チロシンおよびその周囲の分子環境が劇的に変化する。これがタンパク質の機能を左右し、スイッチ・オンもしくはオフとして働く。

そしてタンパク質のリン酸化を行う仕組みもまた発見されていった。それはまた別のタンパク質の仕事だった。タンパク質リン酸化酵素という名のタンパク質。そしてそこには秩序、つまり特異的な対応関係があった。タンパク質Aをリン酸化する酵素Mが存在する。その酵素Mは、タンパク質A特有の立体構造を認識し、ある特定のアミノ酸（＝チロシン）の水酸基だけをリン酸化する。酵素Mがタンパク質Aを認識するとは、立体的な形が相補的に結合する、という意味である。ジグソーパズルのピース同士が互いに他を特異的に認識するように。

タンパク質のリン酸化がくさびを打ち込むことにあたるのなら、くさびを外して、再び仕事を再開させる役割を果たすのは？　それもまた別の特殊なタンパク質である。その名をフォスファターゼという。ここにもまた立体構造の相補性に基づく特異的な関係がある。タンパク質Aのある部位に付加されたリン酸を外す、つまり脱リン酸化する酵素、フォスファターゼYが存在する。

こうしてタンパク質Aは、リン酸化酵素Mによってスイッチをオフにされ、一時機能を停止する。脱リン酸化酵素フォスファターゼYによってスイッチをオンにされ、仕事を再開する。あるいは逆に、リン酸化がオン、脱リン酸化がオフをもたらす場合もある。A、M、Yといった記号はあくまでも恣意的なものである。調節されるべきタンパク質の数だけリン酸化酵素の数がありうる。

Pのゆくえを追跡する

ラッカーのアイデアもまたここにあった。ガン細胞のATP分解酵素が非効率的な仕事ぶりを示すのは、正常細胞に比べて、ガン細胞のATP分解酵素が全く別物だからではない。むしろ正常と異常のあいだは紙一重ではないか。それはリン酸化だ。エールリッヒ腹水ガン細胞のATP分解酵素は、特殊なリン酸化酵素Mによってリン酸化され、異常なスイッチ・オフ状態に陥ってしまっているのではないか。だから無駄働きをするのだ。もしそうだとすれば、私たちの行うべきことはそれを実験的に証明することだけだ。ガン細胞で、ATP分解酵素はリン酸化されているかどうか。脱リン酸化すれば、正常に働くようになるか。リン酸化されるのはチロシンではないか。

スペクターは実験を続けた。ニューヨーク州イサカの街に遅い春がやってきていた。暖かい風が吹き、一斉に芽吹き始めたコーネル大学のキャンパスの木々をかすかに揺らした。スペクターは一心に、くさびを可視化しようとしていた。くさびとしてのリン酸はどこから由来するかといえば、それはすでに幾度となく登場しているATP（アデノシン三リン酸）の中のひとつのPである。ATPが、ADP（アデノシン二リン酸）とP（リン酸）に分かれたとき、エネルギーが発生する。このエネルギーを使って、リン酸化酵素は、P（リン酸）を特定のタンパク質の特定の部位（チロシンの水酸基）に付加する。

だから、仮にATPのリン酸Pに何らかの標識が付いていれば、Pがどこからどこへ移動したかを追跡すること、つまり可視化が可能となる。標識は、むろん、P本来の性質を変えてしまうようなものであってはならない。細胞にとっては見えないが、観察者にとっては見えるような元素の「着色」方法、そんな便利なものが存在することがすでにわかっていた。同位体。スペクターがATP分解酵素の仕事の効率を測定するために利用したナトリウムの標識も同じ原理にもとづく。同位体を用いて、生命の中の分子の流れを初めて可視化したのは、かのルドルフ・シェーンハイマーだった。彼の没後数十年を経て、この方法はますます広く利用されるようになっていた。利用可能な同位体の種類も格段に増えていた。

自然界に普通に存在する元素としてのリン（元素記号P）の質量数は31だが、人工的に質量数32のリンを作り出すことができる。中性子が一つだけ多いリン。これが^{32}Pである。^{32}Pは、微弱な放射線を放出している。これが標識となる。普通のリンは何も語らないけれど、^{32}Pは耳を澄ませさえすれば、その放射線のささやきを聴きとったり、見たりすることができるのだ。当時、すでに^{32}Pを含む化合物が各種製造されて実験試薬として市販されていた。

ブレーキとアクセルの平衡関係

スペクターがまず入手したのは、^{32}Pを含んだＡＴＰだった。試験管内に、ガン細胞から精製したＡＴＰ分解酵素を入れる。pHや塩濃度を細胞内と同じようになるよう整える。それからそこへ^{32}Pを含むＡＴＰを加える。このときスペクターは、エールリッヒ腹水ガン細胞から採取したさまざまな成分をほんのすこしだけ添加して、何かが起こるかどうかを調べたのである。

ラッカーの仮説によれば、エールリッヒ腹水ガン細胞では、ＡＴＰ分解酵素がリン酸化されている。そのため正常細胞に比べて仕事が非効率的、浪費的となる。

しかし、一般的に言ってタンパク質のリン酸化は、一度生じるとずっとリン酸化されつづけるというような固定的なものではない。生命現象の反応は、常に動的なものとしてある。リン酸化と脱リン酸化は、絶え間なく循環的に起こっている。リン酸化酵素と脱リン酸化酵素（フォスファターゼ）は、ブレーキとアクセルの関係にあって互いに他を律しながら平衡を維持している。

ラッカーが「ガン細胞では、ATP分解酵素がリン酸化されている」というとき、実際に、細胞内で起こっていることは、一定の状態でフリーズしているのではなく、ブレーキとアクセルの平衡関係に乱れがある、ということだ。つまり、リン酸化酵素の作用のほうが、脱リン酸化酵素の作用よりも圧倒的に上回っていて、確率的にみると、ATP分解酵素はリン酸化されている状態であることのほうが多い、ということを意味する。

一方、もし正常細胞のATP分解酵素について考えれば、脱リン酸化酵素のほうが、リン酸化酵素の作用よりも圧倒的に上回っていて、確率的にみると、ATP分解酵素は脱リン酸化されている状態にあることのほうが多い、ということになる。

だから、スペクターがガン細胞から精製してきたATP分解酵素は、もしこの時点で、何らかの方法によってそのリン酸化の程度を調べることができるのであれば、そしてラッカーの仮説が正しいのであれば、ATP分解酵素の大部分はリン酸化を受けているだろう。しかし、それを直接見ることはできない。

　そこでスペクターは、ガン細胞の成分を試験管に添加してふるまいを見ることにしたのだ。ガン細胞の内部では、ATP分解酵素をリン酸化する酵素Mの力が、脱リン酸化する酵素Yの力を圧倒的に上回っている。ならばこの両者を含むであろう細胞抽出液を、試験管に加えると何が起こるだろうか。

　わずかながら存在する脱リン酸化酵素Yは、ATP分解酵素のリン酸を外すだろう。しかし、リン酸化酵素Mはそれに負けじとすぐにも、新しいリン酸を付加しなおすだろう。それでも懲りずに、脱リン酸化酵素Yはまた別のATP分解酵素のリン酸を外す。ちかくにいたリン酸化酵素Mはあわててリン酸を付加する。そしてまた……と、このイタチごっこは延々と続くことになる。しかし全体としては、脱リン酸化酵素Yよりもリン酸化酵素Mの勢力が優っているのだから、一定時間後に見渡すと、ATP分解酵素はもともと同じくらい、その多数がリン酸化された状態となっている。

　ではいったい何が変わったのか。何も変わってはいない。動的な平衡状態が保たれているだけだ。しかし、イタチごっこの結果、変わったことがある。^{32}Pを含むATPから、リン酸が、ATP分解酵素の水酸基に移動したはずだ。つまり、今や、ATP分解酵素は、

[32]Pという放射性同位体で「標識」されていることになる。

放射性同位体を可視化する

もちろん試験管の中で起こっていることは全く見えない。そして放射性同位体が試験管の中のどこにあるのかも全く見えない。スペクターはそれを可視化する秘伝をラッカーから伝授されていた。SDS—PAGEである。

彼は、試験管のサンプルをSDS—PAGEの細い矩形のスロット内に慎重に流し込んでいき、電源スイッチを入れた。ごく微量とはいえ、放射線を発する化合物の取り扱いは、厳しい安全規則のもとに行われなければならない。手順どおり、電気泳動が進められた。

この頃には、スペクターの実験手腕が神業的であることを研究室内の誰もが知っていた。しかし、彼が今進めているこの実験が、これほどまでに決定的なものであることまでは誰も知らなかった。

電気泳動の時間が終わると、ゲルをガラスから外し、染色を行った。かすかなバーコードが現れたが、バーコードは自ら何も語らない。スペクターは、このゲルを乾燥器に挟んで乾燥させた。乾燥器は平たいホットプレートに似た器具である。乾いたゲルは、透明の、四角いセルロイドの下敷きそっくりだった。

スペクターは、ゲルを大切な宝物のようにおしいただいて、ラボの隅に備え付けられていた小さな暗室に入り、ドアを閉めた。ドアの外の表示灯が、occupied（使用中）と点灯した。カチリと施錠の音がした。暗室の漆黒は、ほの暗い赤外安全灯のランプによってわずかに破られた。しかしほとんどのものはよく見えない。でも、この暗がりの中でしか、X線フィルムの操作はできない。

厳重に封をされた箱の中から、順に封を解いてX線フィルムを取り出す。ゲルのサイズに合わせてハサミで裁断する。上下左右裏表が判別できるように印をつける。右上の角をわずかだけ切り落とすのがスペクターのやり方だった。ステンレス製の遮光ケースの中に、まずX線フィルムをおく。印は右上。その上にゲルをぴたりと重ねる。ずれがないか四隅を指先で確かめる。蓋を閉じしっかりと留め具を締める。これでOK。彼はようやく短い睡眠をとるため、研究室を後にした。

もし、ゲルの定位置にとどまったATP分解酵素タンパク質のかすかなバーコードがリン酸化されていれば、そこから発せられた微弱な放射線は、ゲルにぴたりと重ね合わせられたX線フィルム上の銀粒子に当たり、銀粒子を黒く染めるだろう。週明け、スペクターがX線フィルムを現像し光にかざすと、それは小さな、しかし確かな証拠としてフィルムの上に黒いバンドとなって現れるはずだった。

第11章　天空の城に建築学のルールはいらない

まるでギリシア人というのは、何よりも崇敬を大事なものと思いながら、崇敬すべきものを何も持たないように見えることもある。しかし、この謎を解く鍵は次の点にある。こういった曖昧さや多様性が見られるのは、万事気まぐれと夢に始まったという事実が原因であるということ。つまり、空中に楼閣を建てるのに法則はないのである。

（G・K・チェスタトン『人間と永遠』、別宮貞徳訳）

神々の愛でし人

今日は定例の研究室セミナーの日だった。ポスドクたちは、半ば気が重く、半ば気が楽だった。なぜなら今回は、マーク・スペクターが報告者だったからである。

スペクターが、今日もまた目を見張るようなデータをプレゼンテーションするだろう。それを見せつけられることはかならずしも愉快な体験ではない。しかし一方で安堵感がある。ボス、ラッカーのいつもの冷酷な言葉が自分たちに突き刺さることはない。なぜなら彼は、自らの手のうちで、自らの仮説の大伽藍（だいがらん）が、今まさに実現されるさまを眺めているからだ。ラッカーは甘美な満足感の中にその身を漂わせていた。

当初、ポスドクたちはこの新入りの若者のことをほとんど気にかけていなかった。ラッカー研究室には、たえず人がやってきて、たえず人が去っていった。だから、いつも実験台に張りついているスペクターの姿をたまたま目にとめた者があっても、ずいぶんがんばっているなあ、でも最初から飛ばしすぎるとすぐに息があがるよ、といった程度の一言を、朝の挨拶がわりにかけるだけだった。奴にもそのうちわかる。俺たち研究室奴隷の気持ちが。それがポスドクたちの心うちだった。

けれどもスペクターは、たいていの場合、電気泳動装置を組み立てていたり、試薬調製の最中だったから、手元から顔をあげずに、大丈夫（イッツ・オーケー）です、と短く答えるのが常だった。

やがて、息をのむことになるのはポスドクの側だった。自分たちよりもずっと経験年数の少ないはずのスペクターが、一ヵ月の間に出してくるデータは驚くべき量だった。しかもその内部を貫通しているロジックには、さらに驚くべき整合性があった。研究の背景とこれまでの知見、その上に立って明らかにしなくてはならないこと、そのための実験デザインと方法、得られた結果（データ）のまとめ方、提示の仕方、そしてそれが何を示唆しているかという考察。それは、そのまますぐに論文になって刊行されても何の不思議もないほどに完成されたものだった。たった一回分の研究室セミナーでの発表が、並のポスドクなら一年、へたをすると二年かかっても到達できるかどうかわからない秩序と密度をもっていた。

　ポスドクたちは焦った。ついで嫉妬した。やがて奇妙な納得がもたらされた。それは一種の心理機制のようなものだったろう。スペクターは全く別の世界から来た人間なのだ。神々の愛でし人（whom the Gods love）。勉強秀才を集めた進学校の中に、まれに、まったく異質な才能が紛れ込んでいる。自分たちがどんなにがんばっても、あいつには決して勝てない。勉強秀才たちが、そういう事実を最終的に呑み込むのに似ていた。異質な才能。それはチェスの天才やピアノの天才といったものと同じ次元にある何かだった。

　しかし、他方、ポスドクの誰もが感じたはずの嫉妬の中には、ただそのままでは呑み込みがたい棘のようなものが含まれてもいた。それは、スペクターが、ラッカーの異常なる寵愛を受けているという事実に起因するものだった。もちろん誰も表立ってそれをいうものはいなかった。

　スペクターが研究室セミナーを行う前に、すでにラッカーはその内容を熟知していた。それは彼の口ぶりでわかった。そして次に行うべき実験を矢継ぎ早に提案していった。スペクターもまた自分が次に何を行うべきか、すでに十分感得しているようだった。ラッカー研究室のような大所帯にあって、このような距離感は特異的だった。夜遅く、二人がデータを挟んで話しこんでいる姿がしばしば見られた。そこには笑い声はなかった。しかし何がしかの親密さとでも呼ぶべき温感があった。師と弟子というよりも、それは父と子のようにみえた。

ガン細胞と正常細胞は何が違うか

ガン細胞では、糖質の分解、つまり解糖系と呼ばれるプロセスが亢進(こうしん)している。それはガン細胞が、あたかも生きいそぐかのように、エネルギー源であるATPを無駄に消費しているからだ。そうラッカーは考えた。これを証明するには細胞膜に存在するATP分解酵素の働きを調べる必要がある。それがスペクターに託された。

スペクターは実際、酵素を驚くべき速さで、ものの見事に精製した。人工的な膜に埋め込んで酵素環境の再構成をも行った。そして酵素活性を測った。正常細胞と比較した。思ったとおりだった。ガン細胞のATP分解酵素は無駄な動きをしていて、一行程ごとに、わざわざ余分にATPを消費している。それがガン細胞をガン細胞たらしめている。つまり無駄な生を送らせているのだ。前提。仮説。方法。結果。考察。どれをとっても一点の曇りもなかった。

では、なぜガン細胞のＡＴＰ分解酵素は、正常細胞と働き方が異なるのか。いったい何が違うのか。ここにラッカーがずっと温めてきた仮説がすとんとおさまった。リン酸化である。

ガン細胞のＡＴＰ分解酵素は、正常細胞のそれと一見、どこも変わりがない。しかし、どこかにわずかだけ違いがあるはずだ。それはタンパク質のリン酸化である。タンパク質表面の限られた箇所に、リン酸が付加されると、タンパク質自体の機能が変化する。リン酸化は、タンパク質の動作部位に差し込まれる小さなくさびのようなものだ。その脱着に応じて、タンパク質のスイッチがオン・オフされたり、活性が増減したりする。リン酸化の研究は、当時の生化学の世界で最も注目を集める、ホットスポットでもあった。

スペクターは、放射性同位体^{32}Pを追跡子に利用して、ガン細胞から取り出したＡＴＰ分解酵素だけが、とりわけリン酸化を受けていることを証明した。その上、リン酸化されるのは、――ラッカーの予想通り――チロシンであることも証明した。

研究室セミナーの際、皆に配られたスペクターのレジュメには、ガン細胞のＡＴＰ分解酵素のリン酸化を示す黒々とした点がＸ線フィルム上に明確にあらわれている様子が示されていた。大発見だった。同時に、ラッカーの仮説が疑問の余地なく立証されていた。

矢継ぎ早にスペクターとラッカーは論文を発表していった。

そのペースは、異常といえる速度だった。通常、大学院博士課程に在籍する学生は、標準で五年の研究期間を経て、論文を二つか三つ、なんとか発表し、それをもとに博士号の学位が認定される。しかしスペクターは一年を経ずして、すでに極めて重大な論文を立て続けに生み出していた。このぶんだともう学位申請ができるかもしれない。誰かがそう噂していた。ひとつの論文が発表されたときには、すでにスペクターとラッカーははるか先の段階に進んでいた。生きいそいでいたのはガン細胞というよりも、むしろ彼らのほうだった。

リン酸化の滝

ガン細胞のATP分解酵素だけがなぜリン酸化を受けるのか。その理由をも彼らは突き止めていた。それは、ATP分解酵素のリン酸化をつかさどるリン酸化酵素Mが存在するからだ。スペクターは、酵素Mを精製し、それがどのようなタンパク質なのかまでつかんでいた。では、なぜガン細胞だけに、リン酸化酵素Mがあるのか。そうではない。リン酸化酵素Mは正常細胞にも存在する。ガン細胞の酵素Mだけが、活性化されているのである。いかにして?

ここに再び、リン酸化が登場する。酵素Mをリン酸化する別のリン酸化酵素Sがあるのだ。酵素Mは、酵素Sによってリン酸化される。するとスイッチがオンの状態となって、ATP分解酵素をリン酸化するのだ。それでは、酵素Sの活性はいったいどのようにして調節されているのか。それはさらに別の新たなリン酸化酵素Lによる。LはSをリン酸化し、活性化する。となれば酵素Lをリン酸化によって調節する、より上流の酵素があるに違いない。そのとおりだった。酵素Lをリン酸化するのは酵素Fである。F→L→S→M→ATP分解酵素。ガン細胞の内部には、こんなドミノ倒しのごとき、周到で精密なリン酸化の滝（カスケード）が流れていたのだ。

スペクターは、一九八一年の夏までに、つまりわずか一年あまりの間に、これほどまで遠い地平に到達していたのだった。

リン酸化の滝。このような多段階の仕組みが存在する生物学的な理由は何であろうか。カスケードの意義は、情報の制御と情報の増幅にある、とラッカーは説明した。多段階でドミノを倒せば、それだけ特異的な経路を細胞内に構築できる。それは秩序を意味する。そして、さまざまな箇所にチェックポイントを置くことができる。動かしたいときは上流をピンポイントで動かし、止めたいときは経路のどこかを止めればよい。そして多段階で仕事を行えば、ネズミ算式に情報の伝達量を増やすことができる。最初の酵素Fをごくわずかだけ働かす。それがたとえば10のLを活性化する。各々のLがさらに10のSを活性化するとすれば、この時点で情報量は百倍となる。カスケードの段階が多ければ多いほど、下流ではその情報が膨大な量に増大（アンプリファイ）される。スペクターはこの「点と線」に関わるすべての酵素を精製し、その正体をつかんでいたのだった。

このカスケード・モデルは、スペクターとラッカーがその全容を論文に公表するまえから、学会やセミナー、研究者間の口コミなど、さまざまなグレイプヴァイン（ぶどうのつる）を通じて多くの研究者の察知するところとなっていった。雲が晴れる前に、天空の城がどの高みにまで達しうるのかは、その土台の広大さを見ればおのずと知ることができたのである。

世界中から、スペクターとラッカーに共同研究の申し入れが届いた。リン酸化酵素のサンプルを分与してほしいという依頼の電話が引きも切らなかった。大学院の一年生にもかかわらず、スペクターに対して、学会や研究会から講演の依頼が殺到した。スペクターとラッカーは確実にノーベル賞をとる。そんな噂まで飛び交いはじめていた。

ラッカーはそのようなすべてに意識的であり、その上で策士だった。そもそも小出しにされる情報はすべて彼がその源だった。そして彼は、自分がイニシアティブを保持しつつ、研究の版図が、より戦略的かつ可能な限り急速に拡大できるパートナーを注意深く選び、そのような相手とのみ同盟を結んだ。そのひとりが当時、同じコーネル大学にいたガン研究者、ヴォルカー・ヴォークトだった。

ガンウイルスの働き

ヴォークトの研究対象は、ガンウイルスだった。ガンウイルス研究は、急速に勃興しつつあった分子生物学の研究史上、最も競争の激しい分野のひとつだった。

ある種のウイルスに感染するとその細胞はガン化してしまう。この奇妙な現象がことさら研究者の注意を惹きつけた。環境要因や遺伝要因が入り混じる、複雑怪奇なガンの発症原因のうち、ウイルスが感染するだけでガンになる、というのはすぐれて魅力的な研究モデルだった。そのシンプルな機構が特定できれば、ガン化の極めて重大な謎を解明することになるはずだ。ウイルスは発ガンウイルス、またはより簡単に、ガンウイルスと命名された。

ガンウイルスはいったい何を細胞にもたらすのか。それはリン酸化だった。ガンウイルスは独自の遺伝子を持つ。そこにはガンウイルスがかつて宿主としていた動物細胞の遺伝子の一部が取り込まれている。つまり、ウイルスは、感染と伝播を繰り返しながら、ときに、宿主の遺伝子の一部を持ち出し、ときに、その遺伝子を別の細胞へ持ち込む。

ガンウイルス研究者の注視の的は、ルイスサルコーマウイルスと呼ばれるウイルスだった。このウイルスは、鳥の細胞にルイス肉腫（サルコーマ）を作り出すことが古くから知られてきた。その遺伝子構造がようやく明らかになった。このウイルスは、いつの時点か定かではないが、遠い昔、ある細胞に感染し、そこで増殖した。その子孫が細胞外へ散らばった際、宿主のゲノムの中から、たまたま、リン酸化酵素の遺伝子をちぎり取って持って行ってしまったのだった。

時を経て、ウイルスは再び、別の細胞にとりついた。細胞に侵入したウイルスは、細胞の仕組みをハイジャックして、大量・高速に自己増殖する。かつて持ち去ったリン酸化酵素の遺伝子も大量・高速に複製されることになる。そしてそれは大量・高速に、リン酸化酵素を生産することになる。すると細胞は、ガン化してしまうのだ。

ルイスサルコーマウイルスが持ち込むリン酸化酵素は、ｓｒｃ(サーク)と呼ばれることになった。ｓｒｃは、細胞の中でリン酸化カスケード上流の引き金を引き、次々とリン酸化のドミノを倒していくのだ。しかもｓｒｃは、ながらくウイルスとともに流浪していた結果、より暴走しやすい形に変化していたのだった。それが細胞を生きいそがせること——つまりガン化——につながる。

これはどこかで聞いた話と全くの相似形を示している。ｓｒｃは、ウイルスの放浪の歴史とともに、いささか変化してはいたけれど、かつて鳥の細胞にあったリン酸化酵素と同じものだった。だから、ルイスサルコーマウイルスが感染しなくとも、もともと細胞に存在するこのリン酸化酵素が、もし何らかの理由で——たとえば化学物質や放射線のような環境要因によって——、異常に活性化すれば、カスケードの引き金が引かれることになる。

高らかな勝利宣言

驚くべき一致はそれだけではなかった。ｓｒｃの分子量は、およそ６００００だったのである。

それが、スペクターとラッカーが築き上げようとしていた天空の城の最も高い塔の部分だった。スペクターとラッカーのリン酸化カスケードの一番上流に位置するリン酸化酵素Ｆの分子量もまた６００００だった。

もし、リン酸化酵素Ｆが、ｓｒｃそのものだったら。今、もっともホットな二つの研究分野は完全な融合を遂げることになる。

スペクターが行うべきことは明らかだった。彼らの試料、すなわちリン酸化酵素Ｆを、ヴォークトの研究室に持ち込み、ヴォークトの試料すなわちｓｒｃと比べてみればよいのである。

一九八一年、著名な学術論文誌「セル」の七月号に次のような大論文が発表された。

A mouse homolog to the avian sarcoma virus *src* protein is a member of a protein kinase cascade（鳥サルコーマウイルスのｓｒｃに相同するマウス由来のタンパク質は、リン酸化酵素カスケードの一員である）

Mark Spector, Robert B. Pepinsky, Volker M. Vogt and Efraim Racker
Section of Biochemistry, Molecular and Cell Biology
Wing Hall
Cornell University
Ithaca, New York 14853
Cell, Vol. 25, 9-21, July 1981

つまり、スペクターとラッカーが発見した、マウスのエールリッヒ腹水ガン細胞に存在するリン酸化酵素Fは、ルイスサルコーマウイルスのｓｒｃと、種の違いこそあれ、ほぼ同じものだというのである。

筆頭著者は、もちろんマーク・スペクター、ついでヴォークト研究室の研究員ペピンスキー、ヴォークト自身、そして最後の研究責任者として、エフレイム・ラッカーの名前が並んでいた。

ここでは、リン酸化酵素Fに対する抗体は、ｓｒｃにも反応すること、逆に、ｓｒｃに対する抗体はリン酸化酵素Fにも反応すること、Fとｓｒｃはともに分子量６０００で、タンパク質の性質や構造が極めて似通っていること、放射性同位体^{32}Pを用いた標識実験によって、ｓｒｃも、Fと全く同様に、酵素L（カスケードでFの次に位置する）をリン酸化しうることなどの証拠が次々と挙げられ、F＝ｓｒｃであり、ガン化の通奏低音には共通のメカニズムが流れていることが示唆されていた。完全無欠の論文といってよかった。

同時期に、ラッカーとスペクターは共同名義で、科学誌「サイエンス」に自分たちの成果を取りまとめて報告する特別論文を寄稿した。冒頭には、G・K・チェスタトンの次の言葉が引用されていた。

「天空の城に建築学のルールはいらない」

雲が去り、目の前に浮かびあがったその天空の城には啓示の光が満ちあふれていた。そこに現れた黄金色のセオリーは、これまでのあらゆるルールと常識を凌駕していた。と同時に、これまで散在していたあらゆる断片をことごとく説明していた。つまり、過分も不足もなく、完璧なまでの整合性をもって、ガンの発生メカニズムを解き明かしていた。ウイルスにせよ、何らかの環境要因にせよ、細胞のガン化には共通の背景がある。それはリン酸化のカスケードである。

特別論文は次のように締めくくられていた。

この研究の過程において、我々は、ごくごく限られた量の細胞試料から、不安定な膜酵素を大変な労力を払って精製しなければならなかった。細胞内環境とは全く違う条件で、膜酵素を再構成する方法を考案しなければならなかった。ウイルス発ガンの原因タンパク質を突き止めたウイルス学者や遺伝学者たちから様々なサポートを受けた。そして今、そのすべてを乗り越えて、長い間、待ち望まれていたこと、つまり生化学と分子生物学がここに融合したことを目撃したのである。

それは、ラッカーとスペクターの高らかな勝利宣言だった。

鳴り響いた警告音

ヴォークトは考えていた。ここ数ヵ月ほどの短いあいだに劇的に沸騰した夢のようなことごとについて。それはほんとうに夢のようであり、なお現実感がなかった。あまりにもできすぎていてほんとうのこととはなかなか思えなかった。しかしそれはほんとうのことだった。疑う余地のないクリアなデータが出て、論文が刊行された。

スペクターが、ヴォークトの研究室に現れてしばらくのあいだ、実験は全くうまくいかなかった。予想される結果は微塵も得られなかった。スペクターは常に驚くほど集中し、驚くほど長時間働いていた。

あるときから、実験は急に、全くうまくいきはじめた。データは、予想される結果と完璧に一致した。まるで絵に描いたように。

ヴォークトは思った。たしかに実験はしばしば思い通りに進行しない。そして時に思いがけないほどうまくいく。けれども、彼が今、目の前にしている状況は、彼がこれまで経験として知っている実験研究のきまぐれさとは何かがどこかで決定的に違うような気がした。しかしそれが何であるのか正確に言い当てることはできなかった。

すでに深夜をまわっていた。いつもは夜更かしの実験者たちも今日は誰も残っていなかった。気がつくとヴォークトは、スペクターがいつも使っていた実験台の前にいた。電気泳動装置やピペット類、試薬瓶などが整理整頓されて並んでいた。乾燥して、薄い板状になったポリアクリルアミドゲルが何枚か重ねておいてあった。ゲルは乾燥すると両端が反り返ってしまうので、透明なガラス板がその上から重石代わりにおかれていた。

このゲルからリン酸化のカスケードを示す、すばらしいデータが生み出されたのだ。ゲルには、ガン細胞のタンパク質がバーコードのように整列しているはずだったし、そのひとつのバンドは、リン酸化酵素によって強くリン酸化されているはずだった。でも今ここにあるゲルには何も見えなかった。それもそのはずである。リン酸化の様子を可視化するためには、このゲルをX線フィルムとサンドイッチにして、リン酸に由来する放射線をフィルム上の黒点として検出しなければならない。

ヴォークトは隣のテーブルの上にあった小型のガイガーカウンターに目を留めた。ガイガーカウンターは放射線を検出する測定器だ。放射性化学物質を扱う研究室の必需品であり、もっぱら実験者の安全チェックに使われる。手先や実験白衣に放射性物質の飛沫が付着していないかどうか、不注意な操作によって床やドアが汚れていないかどうか。研究室の出入りにこのガイガーカウンターで、自分や自分の身のまわりを検査する。

ヴォークトは、ふと思いついてガイガーカウンターのスイッチをオンにした。ピッ、ピッ、ピッ、という機械の作動音が聞こえ始めた。もちろんガイガーカウンターには、ポリアクリルアミドゲル上のタンパク質リン酸化を正確に検査・定量できるほどの精度はない。放射線の有無やおよその強弱程度のことだけしかわからない。それでもゲルのどこかに^{32}Pで標識されたリン酸化タンパク質のバンドがあれば、ガイガーカウンターは反応するはずだ。そう思って、彼は、カウンターの検出管を、実験台の上におかれている乾燥したゲルのほうへ向けてみた。

ピッ、ピッ、ピッ、ピーピッ、ピーーー。

ガイガーカウンターの警告音が上がり始め、それはとまらなかった。かなり強力な放射線がゲルから発せられているということを示すものだった。

ヴォークトははっとした。一瞬、何が起こっているのかわからなかった。いや、正確にいえば、しばらくしても、わからなさは変わらなかった。彼は、いったん、ガイガーカウンターをその場所から遠ざけた。それから実験台をじっと見つめた。そして、もう一度、ゲルに向けてガイガーカウンターをかざしてみた。先ほどと同じように、カウンターは強く反応し、警告音を鳴らしている。

ヴォークトは、ガイガーカウンターを片手で支えながら、もう一方の手で、ゲルの上に重石としておかれていたガラス板を取り除いた。

ピーーーーーーーーーーー。

カウンターの警告音は金切り声になった。機械の小窓についている検出針は右側に振り切れていた。

そこにないはずの放射性同位体の存在

ヴォークトは、そこに重ねられている何枚ものゲルを次々とめくった。そして、そのひとつひとつに、ガイガーカウンターを当ててみた。いずれのゲルからも強い放射線が発せられている。ついで彼は、それぞれのゲルの上に、ガラス板をおいてから、ガイガーカウンターをかざした。依然、ゲルからは、強い放射線が発せられていることが検出された。

ここに至って、ヴォークトはようやく何が起こっているかおぼろげながら理解しはじめた。

放射性同位体^{32}Pは、ベータ線という、放射線としては弱い部類に入るエネルギー線を出している。弱いとはいえ、^{32}Pのベータ線は、近接したX線フィルムであれば、それを黒々と焦がすだけのエネルギーを持つ。しかし、もしガラス板のようなものでさえぎられてしまえば、ベータ線はそれを貫通することができない。それゆえ実験者は、^{32}P標識のATPを用いたタンパク質リン酸化実験を安心して行うことができる。試験管のような容器内や、ガラス板あるいは分厚いプラスティックの安全用遮蔽板ごしに操作を行えば、ほとんど放射線の影響を受けずにいられるからである。

だから、最初、ヴォークトが、ガラス板ごしにガイガーカウンターをゲルにかざしたとき、ガイガーカウンターが鋭く反応するはずはなかったのである。ゲル内の^{32}Pはガラス板で遮蔽されているから。^{32}Pの放射線は、ガラス板を外して初めて検出できる。最初、ヴォークトが、ゲルにガイガーカウンターを向けてみたとき、彼の脳裏には、ガラス板の有無と^{32}Pの関係が、はっきりとは認識されていなかった。ただ、そうしてみただけに過ぎない。彼はそのとき、なかば無意識にガイガーカウンターをゲルに向けただけだったのだ。ガラスごしに。たまたま。

しかし今や、すべてがはっきりとした意識のもとにある。放射線がガラスごしにでも検出できるということは、この下のゲルのなかにあるのは、^{32}Pではない、ということである。何かはわからないが、^{32}P以外の別の放射性同位体がある。その放射線は、ガラスを通すほど強い。しかし、その放射線がひとたびX線フィルムを焦がせば、それは単なる黒いバンドのみを与える。すなわち、X線フィルムのデータだけを見ている限りにおいては、その黒いバンドがどのような放射線によって作り出されたものなのか判別できない。^{32}P標識のATPを用いて、タンパク質のリン酸化実験を行っているのだから、その黒いバンドが^{32}P以外の放射性同位体に由来するなどとは誰も想像しはしない。

つまり、ヴォークトが今、見つめているガラスの下のゲルの内部には、^{32}P以外の別の放射性同位体があるだけでなく、もうひとつ極めて明確なものがひそんでいる、ということになる。

そこに存在しているのは、ある種の明確な意図である。

急に得体の知れない不安感に襲われた彼は、研究室の出入り口や窓を見渡した。誰かがじっとこちらを見ているような視線を感じた。しかしあたりには誰もいなかった。研究室にいるのは彼だけだった。そしてこの恐ろしい事実に気がついているのも彼だけだった。むろんそれは、この実験を行った当の本人、マーク・スペクターの他には、という意味において。

第12章　治すすべのない病

インクラビリ。治癒のあてのない、もう手のつくしようのない病人を意味する言葉なのだが、最初それを見たとき、私はおもわず笑ってしまった。なおる見込みのない人たちの水路。なんだか自分のことをいわれてるみたいだった。だが、とっさの不謹慎な思いを押しのけるようにして、インクラビリという、冗談では済ませられない言葉の重さが、胸を衝いた。

（須賀敦子「ザッテレの河岸で」）

スペクターはなぜ信用されたか

ラッカーは老練な科学者だった。実験室における喜びはしばしばぬか喜びに終わることをよく知っていた。だから重要な実験結果については何度も追試実験を行わせた。また同じ実験を別の研究員に実施させ、再現性よく同じ結果が得られるかどうかをチェックした。スペクターの場合ももちろん例外ではなかった。なんといっても彼は新人なのだ。ラッカーは後になって、次のように述懐している。

マーク・スペクターが私の研究室に来てまもなくのことでした。彼は、エールリッヒ腹水ガン細胞のATP分解酵素がリン酸化を受けていることを示す見事な実験データを出しました。それはまさしく私が望んでいたデータでした。あまりにもできすぎていると思ったほどでした。そこで、私は、研究室にいた、ある女性のポスドクに命じてこの実験を繰り返して行うよう命じました。また、マークが発見したリン酸化酵素Mが、別のATP分解酵素をリン酸化するかどうか調べるようにも言いました。私の研究室の冷凍庫には、シビレエイから精製したATP分解酵素があったのでそれを使わせたのです。

彼女の実験はうまくいきませんでした。X線フィルム上に、リン酸化を示す黒いバンドは全く現れなかったのです。そこで私はマークを呼んで、何が問題なのか、一緒に考えることにしました。マークは、彼女から実験のやり方を逐一聞きだしていきました。そしてすぐにこう言いました。精製したリン酸化酵素は液体窒素に入れて瞬時に凍結するか、新鮮なまま実験に供さないとだめだよ。とても失活しやすいんだ。たしかに彼女は、マークが手渡していた実験手順のメモのその部分を見落として実験を実施していたのです。

そこで彼女は一から精製をやり直し、リン酸化酵素の試料液を新鮮なまま（実験の都合上、しばしば試料液は冷蔵庫や冷凍庫に一時保管され、後日実験に供されることが多い）次の実験、つまりATP分解酵素のリン酸化実験に用いました。結果は大成功でした。リン酸化を示す黒いバンドが現れました。また、シビレエイから精製したATP分解酵素は、独自の分子量を示す位置で、ちゃんとリン酸化されていることが示されたのでした。

（科学誌「ネイチャー」三三九巻、一九八九年五月一一日号の記事による。福岡訳）

ラッカーはもちろん、研究室の誰もが、スペクターの慎重さや実験手腕に一目も二目も置くようになった。彼の実験報告に重い信用を置くことになった。大学の外ではなおさらだった。学会やセミナーなどでスペクターに接した研究者たちは、大学院生とではなく、対等の研究者と話すように慇懃（いんぎん）にふるまうのが常だった。

たくみな偽装

ヴォークトは一晩、眠れぬ夜を過ごした後、なにはともあれ、まずラッカーに、この発見を通報することに決めた。ラッカーは耳を疑った。信じられなかった。そして深く混乱した。

^{32}Pの代わりに使われていたのは、^{125}Iというヨウ素（元素記号I）の放射性同位体だった。実験は実にたくみに偽装されていた。

特定のタンパク質、たとえば分子量60000のタンパク質Aが、リン酸化されるかどうかを調べるためには、何らかの方法でリン酸化酵素Bを入手し、AとB、そして^{32}P標識ATPを混ぜ合わせ、^{32}Pで放射性標識されたリン酸がタンパク質Aに付加されるかどうかを、SDS―PAGEとX線フィルムを使った実験（これはオートラジオグラフィと呼ばれる）によって可視化しなければならない。これは時間と労力がかかるとても厄介な仕事である。そもそもタンパク質Aとリン酸化酵素Bを組織サンプルや培養細胞抽出液から独自に精製しなければならない。精製はとてつもない時間を必要とし、しばしばさまざまな困難に直面する。来る日も来る日も試行錯誤の連続となる。

しかし今、ある天才が、常人にはうかがい知れない、ある天才的な理由によって、タンパク質Aは必ずリン酸化酵素Bによってリン酸化されることは間違いないと確信していたとしたら。そして――実験科学では全く許されないことではあるけれど――、いちいちそれを泥臭い精製実験で検証することは時間の無駄であって、わざわざ自分が行うべきことでもないと信じていたとしたら。

確かに、リン酸化酵素Bの存在を証明することなくしては、そしてリン酸化酵素Bの作用を借りずしては、タンパク質Aがリン酸化されているのを示すことは実験上、不可能である。

しかし、タンパク質Aに、^{32}Pで放射性標識されたリン酸があたかも付加されたように見せかけることはできる。タンパク質Aに似た分子量のタンパク質を入手し、そのタンパク質に^{125}Iを人為的に結合させればよい。タンパク質に意図的にリン酸を結合させるのは困難だが、^{125}Iを結合させることは比較的容易であり、そのための試薬も市販されている。あらかじめ分子量がわかっているさまざまな精製タンパク質も市販されている。ラッカー研究室のような大所帯では、誰が何を研究しているか、どのポスドクがどんな試薬を購入しているかは全くの混戦状態にある。研究室の冷凍ストッカーをその気になって見渡せば、タンパク質も、^{125}Iも、必要な試薬も見つけることができるだろう。

^{125}Iで標識したタンパク質をSDS—PAGEによって電気泳動し、そのゲルを乾燥させる。X線フィルムに密着させる。一定時間後にX線フィルムを現像する。するとそこには黒いバンドが検出される。それは、タンパク質Aの分子量に相当するバンドである。X線フィルム上には、タンパク質も放射性標識の種類も残らない。そこにあるのは現象の結果でしかない。これはあらゆる意味でデータの捏造である。しかし、人はふつう、実験室内

で、天才的な悪意の存在を前提にしてはいない。こうしてタンパク質Aは確かにリン酸化されるという言明が作り出されうる。

もちろん、このような精緻なデータ捏造を行うためには、通常の実験以上の知識と熟練と慎重さが必要となる。データをそれらしく偽装するため、タンパク質の選択、使用量、標識量、反応時間、その他さまざまなパラメータを細かく適正化しなければならない。

そんなことがほんとうに可能なのだろうか。もしこれが事実だとして、実験は一体どこまでが捏造されているのだろうか。もしかしてすべて？　いや、そんなことはない。ラッカーは自問自答した。ＡＴＰ分解酵素のリン酸化実験は、慎重に追試させ、その結果は別人の手でも見事に確認されたのではなかったか。

証拠不十分、嫌疑不十分

ラッカーとヴォークトの前に呼び出されたスペクターは全く冷静に見えた。顔色ひとつ、挙動ひとつ、変わったところがなかった。そこには緊張も不審さも見て取れなかった。ラッカーは彼に説明を求めた。

スペクターは何も認めなかった。捏造の意図も、捏造の実行も。自分は何も知らない。こんなことは誰かが自分を陥れるために行ったことだ。そう主張した。ラッカーは考えた。重要なのは予断をもって何ごとかを決めてしまわないことだ。スペクターが意図的にデータを捏造したという証拠は何もない。ラッカーはスペクターに命じた。三週間の猶予を与える。すべてのリン酸化酵素を新たに精製しなおして自分に手渡してほしい。その活性をこちらで調べなおす。スペクターは言下にイエスと答えた。自信に満ちていた。

三週間がたった。スペクターは戻ってこなかった。ラッカーはただちにスペクターを追放した。大学当局にこの事実を知らせ、手続き中だったスペクターの博士号審査を中止した。たった一年半で達成されたスペクターの論文の量と質は、博士号取得の条件を十二分に満たしていたので審査は順調に進められていた。ついで発表の途上にあった学術論文を取り下げた。サイエンス誌に掲載された論文も撤回された。スペクター事件は一大スキャンダルと化した。天空の城はみるみるうちに瓦解していった。

しかし問題の核心はすぐには解明されなかった。明らかなことは、スペクターがヴォークトの研究室で行った実験サンプルの一部から^{125}Iが見つかった、という事実だけだった。

放射性同位体は、^{125}Iにせよ、^{32}Pにせよ、時間とともに次第に減衰し、数ヵ月ほどすると検出できなくなる。だから過去に遡って試料をすべて検証することは不可能だった。実験サンプルの多くも時間の経過とともに失活したり、破棄されていた。つまり、捏造が事実だとして、いつから、どの程度の範囲で行われていたのかを検証しうる物的材料がない。

そして犯行と犯人を特定しうる証拠もない。スペクターは一貫して嫌疑を否定している。このような状況下で、ラッカーと大学当局は、告発や訴訟など公的手段による断罪をあきらめた。むしろ証拠不十分、嫌疑不十分で、彼らが敗訴することのほうを恐れた。そうなれば逆に、スペクターが博士号再審査を要求し、それが認められてしまう危険性すらある。

どこまでが本当でどこからが嘘なのか

スペクターが姿を消した後、ラッカー研究室は混乱の極みに陥った。しかし彼らが行わなければならないことは、ラッカー研究室が発表した論文によって引き起こされた混乱をこそ収拾することだった。スペクターの研究のどこまでが本当でどこからが嘘なのか。ラッカーは研究員に命じて、一つ一つの実験を検証していった。彼にとっておそらくそれだけが、最後の正気とプライドを保つために唯一できることだった。

あのすばらしいリン酸化カスケード仮説。ATP分解酵素をリン酸化する酵素Mは、分子量6０００のタンパク質であり、リン酸化酵素Sによってリン酸化される。リン酸化酵素Sは、分子量5７０００であり、リン酸化酵素Lによってリン酸化される。リン酸化酵素Lは分子量4８０００であり、リン酸化酵素Fによってリン酸化される。リン酸化酵素Ｆは分子量６００００である。酵素Ｆは、ガンウイルス遺伝子産物ｓｒｃ（サーク）と同一物質である。これがスペクターの主張だった。

　酵素Ｍも、酵素Ｓも、酵素Ｌも、酵素Ｆも、その存在を確認することはできなかった。Ｘ線フィルム上の黒いバンドは、おそらく実験室の冷蔵庫に小瓶に入れて保管されている市販の精製タンパク質のどれかだった。そのなかから分子量が６００００、５７０００、４８０００程度のものをそれぞれ選び出し、こっそり^{125}Iを用いて放射性標識を付加する。このタンパク質を電気泳動し、Ｘ線フィルム上で可視化する。そのようにして作り出された虚像だった。

　では、リン酸化酵素Ｆとｓｒｃの同一性の証明データは？

二つのタンパク質はほぼ同じ挙動を示し、それぞれの特異抗体は互いに他を認識した。放射性同位体のすりかえではないこの実験はどのように行われたのか。

　二つの研究室が共同実験を行う際には、それぞれの研究室が所有する貴重な試料が物々交換される。しかし、物を互いに視認することはできない。小さなプラスティックチューブ内に凍結されたわずかな氷の粒の中身は、誰にも見ることなどかなわないから。

　そして、交換は厳密にいえば、対等ではない。イニシアティブをとる研究室に、共同実験を申し込んだほうからサンプルを「提供」するのが通例である。場所こそヴォーク研究室に赴いたスペクターだったが、精製されたｓｒｃタンパク質と、それと結合する特異抗体は、まずヴォークトからスペクターの側に提供された。スペクターが実際、まず何から着手したのかは今となっては闇の中だ。

しかし実在しない酵素Ｆとそれに対する抗体は、ヴォークトの提供サンプルから作り出されたに違いない。ｓｒｃの一部を別のチューブにとり、酵素Ｆと記名する。抗体の一部を別のチューブに移し、Ｆに対する特異抗体と記名する。まったく同一物であることが露見するのを避けるため、培養細胞由来の雑多な抽出液を「調味料」代わりに少々混入する程度のことがなされたとしても不思議ではない。

あとはそれらしい比較実験を行えばよい。酵素Ｆとｓｒｃ、二つのタンパク質はほぼ同じ挙動を示し、それぞれの特異抗体は互いに他を認識する。当然の帰結である。

では、一番最初のＡＴＰ分解酵素のリン酸化実験は？

ラッカーは少なくとも、この部分だけは本当であってほしいと祈ったことだろう。スペクターは彼にとって最愛の弟子だった。スペクターにとってもラッカーは最良の師だった。スペクターはラッカーの期待に応えようとしたのだ。常に、応え続けようとしたのだ。そしてある時点から、戻れなくなってしまったのだ。そうラッカーは信じたかったのだろう。

ラッカーは研究室を挙げてこの実験を追試した。無残な結果だった。スペクターが一番最初にいち早く成功したはずの、ATP分解酵素の精製と膜の再構成実験。彼が示した方法で行っても、ATP分解酵素は精製できず、膜の再構成も成り立たなかった。彼の精製方法に従ってガン細胞から分画(ぶんかく)されるはずの分子量60000のリン酸化酵素Mもその活性は確認できなかった。スペクターが発見したリン酸化酵素Mは、まぼろし(mirage)のMだった。

追試実験はなぜ成功したか

では、ラッカーが別のポスドクに命じて、スペクターの発見を追試させ、それが見事に再現されたあの実験はいったい何だったのか。

ラッカーは次のように記している。

あれからかなり時間がたってからもそれは謎でした。私の研究室を訪れたたくさんの専門家に、実験のX線フィルムを見せました。そこにはエールリッヒ腹水ガン細胞のATP分解酵素とシビレエイのATP分解酵素が、それぞれ正しい分子量の位置で、鮮やかな黒いバンドとなって現れていました。しかも、これはマーク・スペクターではなく、別の人間の手で行われたものなのです。これがフェイクだとして、どのようにすればこんなに芸術的なフェイクを作り出せると思う？　一人として答えられる研究者はいませんでした。

もっと後になって私は思い当たりました。あの実験は最初はうまくいかなかった。マークが、ポスドクの実験方法の不備を指摘し、ポスドクは実験を一からやり直した。そしてこの素晴らしいデータが得られたのだ。そのときに、マークが介入する余地があったのです。いや、彼は故意にその余地を作り出したのかもしれない。おそらく誰もいなくなった深夜、マークは、ポスドクの実験ノートをチェックしたでしょう。そしてフリーザーのどの試験管にシビレエイのATP分解酵素が入れられているかを知った。その一部を取り出し^{125}Iで標識し、それをまたこっそり元に戻しておいた。何も知らないポスドクは、マークのメモに従って新たに精製した新鮮な「リン酸化酵素M」を使って、すでに標識してあるATP分解酵素を、リン酸化標識して見せたのです。マークはどこに何があるのか、どうすれば何が得られるか、すべてを知っていたのです。

マークがその後、どうなったのか私は知りません。研究者としての彼のキャリアは完全に破滅しました。南米に逃げる金を稼ぐこともできなかったでしょう。つまり彼は十分に罰せられたのです。

マークは全くブリリアントな若者でした。そして彼は病んでいたのです。その病は、治すすべのない病でした。

それゆえ私は彼に対して怒りを感じたことはありません。それと同時に、彼に対して寛容になりうる余地もないのです。

エフレイム・ラッカーはその後も、ニューヨーク州の北のはずれの街イサカの大学にとどまり、研究室員と学生を鼓舞し、研究を続け、一九九一年、この世を去った。

治すすべのない病

スペクター事件は、科学の世界に大きな傷跡を残した。データの捏造や欺瞞の原因について、たくさんの議論が起こった。数多くの提言がなされた。データを出し続け、論文を量産しなければならないという大きなプレッシャー。ボスと研究室員の関係。研究室管理のあり方。共同研究のやり方。追試や再現性の問題。研究資金の配分方法やその公平性の確保。大学という研究組織の意味。研究費を支援する政府や議会の責任。調査や審査を行う第三者機関の設置……この事件をそのような視点から検証し、教訓を引き出し、同じようなことが起こらないよう対策を立てることはむろん大切なことである。

しかし私は、実務的なこれらのことごとはしばしどこかに措きたい。そしてもっと別のことを考えたい。それは、ラッカーの最後の言葉について、である。

それまで、実験サンプルやゲルなどの生のデータが他人の手に触れないよう、細心の注意を払っていたはずのスペクターはなぜ、このときに限って、$^{125}\mathrm{I}$を含んだ乾燥ゲルを無造作に実験台の上に放置してしまったのだろう。このやり方でずっとうまくことが運ばれてきたゆえに油断があったのだろうか。それとも彼は、誰かにとめてもらいたかったのだろうか。

治すすべのない病。

ラッカーは、スペクターをそう形容した。私は、ヴェネツィアの船着場の河岸の裏の小さな水路につけられた名前を思い出す。そして、切り取られた絵と、それにまつわるさまざまな物語に思いを馳せる。治すすべのない病（インクラビリ）。その病に冒されていたのはひとりスペクターだけではなかったのではないだろうか。スペクターは、ラッカーが見たいと願った絵を切り取っただけなのだ。手にしたばかりの解像度の高い方法を使って、その中に散らばる点と線を結んだ。それは、ラッカーがそうであってほしいと祈った星座を取り出してみせただけのことだった。

たとえそれが空耳のような、あるいは空目のような**つくりもの**であったとしても、その星座は、当時、この分野に関わるほとんどすべての第一線の科学者が、そうであったらどんなに素敵だろうと希求した天空の城だったのである。

エピローグ　かすみゆく星座

おれは何も決めなかったと思っていた。決めているのは、おれ以外の者たちなのだと思っていた。でもそれは、違っていた。

おれは、生きてきたというそのことだけで、つねに事を決めていたのだ。決定をする、というわかりやすいところだけでなく、ただ誰かと知りあうだけで、ただ誰かとすれちがうだけで、ただそこにいるだけで、ただ息をするだけで、何かを決めつづけてきたのだ。

おれが決め、誰かが決め、女たちが決め、男たちが決め、この地球をとりまく幾千万もの因果が決め、そうやっておれはここにいるのだった。

（川上弘美『どこから行っても遠い町』）


ある晴れた日の午後のことだったと思う。子供の頃、ということ以外、それがどれくらい昔のことなのか全く思い出せない。私は部屋に寝転がって本を読んでいた。暑かった記憶も、寒かった記憶もない。家には自分以外、誰もいなかった。ひょっとすると何か口実を作って学校をさぼっていたのかもしれない。

読書に飽きて、ふとレースのカーテン越しに明るい空を見上げた。少し開けた窓から風が入り、カーテンを揺らした。そのときだった。カーテンは重なり合いながら動き、その中にオーロラのようなさざ波が立ち始めたのだ。カーテンのレース自体は何の変哲もない、網戸のような、縦横の細かな格子縞でしかなかったが、それが重なって動くと全く別の効果がもたらされた。さざ波は次々と生み出され、右から左へ、左から右へ流れた。私はしばらくその流れを見つめていた。息をとめて。流れは大きな風をはらみ、回転しながらふわりと広がった。そのとき、ほんの一瞬、美しい渦巻き文様が、輝きながら浮かび上がった。

次の瞬間、模様は消え、風はやみ、カーテンはもとの位置に戻った。そこにあるのはただの垂れ下がった白いレースのカーテンだった。私は次の風を待った。確かに、そのあと風は何度か通ってきた。しかしあの完璧な渦巻き文様は、二度と現れることがなかった。

*

天空に映える、みごとな北斗七星のように配されたリン酸化酵素群。それらをつなぐことによって作られたカスケード理論。輝く星々としてそこにおかれたスペクターとラッカーのリン酸化酵素M、S、L、Fは、いずれも実在しなかった。適当な分子量を持つ、それらしい、しかし全く別のタンパク質に、偽の標識を貼りつけて、あたかもリン酸化されたように装っていたに過ぎない。

その事実は間もなく露見した。スペクターはいずこととも知れず姿を消し、ラッカーと彼の栄えある研究室は、大きなダメージをこうむった。人々はこの大事件に興奮し、熱狂し、口々に批判をし、それぞれが何がしかの教訓を得たつもりでいた。ほんのしばらくのあいだは。やがて年が過ぎ、すべての大事件がそうであるのと同じように、興奮は漂白され、人々の記憶は薄れ、いろいろなことごとは急速に風化していった。

はたして、あれは特別な人間による特別な事件だったのだろうか。あらためてこの出来事を振り返ってみると、そのように簡単には総括しえない、漂白されたにもかかわらず、看過できない薄茶色の残像がぼんやりと浮かび上がってくる。その残像は美しくさえある。

非常に奇妙に聞こえるかもしれない。けれども、次のようにいうことができる。スペクターとラッカーは結局のところ正しかったのであると。より慎重な言い方をすれば、彼らはまぎれもなくある種の真実に、少なくともその時点での真実に肉薄していたのだ。スペクターが「発見」したリン酸化酵素Mは、確かにまぼろしだった。実質的な分子としては、そのようなものは存在していない。スペクターとラッカーが描いた、ガンのメカニズムにおけるリン酸化のカスケード。それもまた実際には、彼らがあると主張したものとしては存在していない。

しかし発ガンの背後には確かに、一群のリン酸化酵素が存在し、それをつなぐリン酸化カスケード自体もちゃんと実在していたのだ。スペクターがある日突然、超新星のように出現し、まもなく超新星のように消滅していったのとほぼ同じ頃、細胞の増殖と分裂を調節するリン酸化酵素が見出され、MAPキナーゼと名づけられた。MAPとは、細胞分裂の際にその働きが促進されるタンパク質（mitogen-activated protein）という意味であり、キナーゼ（kinase）とはそれをリン酸化する酵素という意味である。つまり、MAPキナーゼは、一群のターゲットタンパク質（MAP）をリン酸化して、そのスイッチをオンまたはオフにすることによって、ターゲットタンパク質の動静をコントロールする、そのような重要な調節をつかさどる酵素だ。

細胞内に精密な地図を描きたいと願う人々、つまり文字通り、MAP（マップ）ラバーたちがこぞってこの分野の研究に参入した。その結果、ターゲットタンパク質として、細胞内で遺伝子の発現を変化させるもの、細胞内の代謝を変化させるもの、あるいは細胞を分裂に導くものなどが次々と見つかってきた。

次いで、マップラバーたちはこう問うた。それではＭＡＰキナーゼはどのようにスイッチがオン・オフされるのだろうか。地図上の「上流」問題である。ことの必然として、遡行がなされた。そして、ＭＡＰキナーゼそのものをリン酸化して、この酵素の活性を調節する、別のリン酸化酵素が発見された。ＭＡＰキナーゼキナーゼである。

では次は。ＭＡＰキナーゼキナーゼは一体何が調節するのか。これまたことの必然として、ＭＡＰキナーゼキナーゼをリン酸化によってオン・オフする、さらに上流に位置する酵素、すなわちＭＡＰキナーゼキナーゼキナーゼが発見された。これはまごうことのないリン酸化カスケードそのものだった。

ことがキナーゼの無限連鎖地獄に陥りかけたとき、別の転機が訪れた。ＭＡＰキナーゼキナーゼキナーゼの活性を調節するのは、もはや上位のキナーゼではなくＲａｓと呼ばれるタンパク質だった。

Ｒａｓは、情報伝達の中継点に位置する。細胞は、外部から様々な情報を受け取る。それは増殖を促進するホルモンであったり、外敵の存在であったり、あるいは環境の変化であったりする。それらの情報は細胞がその表面に突き出して配備したアンテナ、つまり各種のレセプターという分子によって感受される。レセプターは細胞膜の内外を横断するように位置しており、その外側で情報を捉え、その内側（つまり細胞の内部）に伝達する。細胞内部の、レセプターの尻尾のあたりにたえずうろついて、レセプターが感知した情報を受け取る係がＲａｓである。Ｒａｓはその情報を、ＭＡＰキナーゼキナーゼキナーゼに伝える。それがキナーゼのカスケードをたどって下流に伝達されていくのだ。

やがて、発ガンのメカニズムを追っていたマップラバーたちが画期的な事実を発見した。ある種のガン細胞では、Ｒａｓが突然変異を起こしており、Ｒａｓが異常に活性化されている。つまり、ガン細胞のＲａｓは、それ以降のリン酸化カスケードに過剰な情報伝達を行い、その結果、細胞が異常に増殖する。それがガンである。そのような事実を突き止めたのだった。

これらはすべてスペクターとラッカーが活躍した一九八〇年の初頭からそれ以降にかけて次々と明らかになったものである。熱気あふれる当時の研究現場の実相は、ナタリー・エインジャーの好著 *"Natural Obsessions"*（邦訳『がん遺伝子に挑む』上・下、東京化学同人）に活写されている。競争に邁進するポスドクたちのエネルギーと焦燥、期待と失望、勝利と敗北。Ｒａｓの謎を見事に解明したボブ・ワインバーグとそのライバル、マイク・ウィグラー。エインジャーはこう記している。「もし私がもう一度人生をやり直すとしたなら、きっと分子生物学者になることだろう」。

この図式は、奇妙なまでにスペクターとラッカーのリン酸化カスケードと一致している。彼らは、発ガンに関わるタンパク質ｓｒｃをＲａｓの代わりに置き、ｓｒｃを偽のリン酸化酵素Ｆに擬して、その下流に、Ｌ、Ｓ、Ｍを見つけた。リン酸化酵素Ｍは、細胞のエネルギー代謝に関わるＡＴＰ分解酵素を変調させる。そのことがガンにつながる……。カスケードのステップ数まで一致しているではないか。

実際、ずっと後になって、ＡＴＰ分解酵素は確かにリン酸化されうることがわかった。スペクターとラッカーが予言したとおり、それはチロシンというアミノ酸の部位で、リン酸化を受ける。もちろんそのリン酸化をつかさどるのはリン酸化酵素Ｍではなく、細胞内の別のリン酸化酵素である。文脈は異なれど、彼らのリン酸化仮説はここでも部分的には正しかったのだ。

実験科学として存立している生化学や分子生物学において、仮説を提出すること、あるいは理論的なモデルを構築することだけにとどまる者がいるとすれば、それはその仮説を、あるいは理論を、実験的に証明した者に比べ、より優位の評価を受けることはない。しかし、仮説の正しさ、理論における洞察力の鋭さは十分な評価を受けるべきはずのものである。

そしてもし、スペクターとラッカーが、天空の城の構築を急ぐあまり、実験的な実証を彫琢するのではなく、天空の城の大伽藍をその構想だけにとどめていたとすれば、あるいはそれをあくまでも作業仮説として、地道な実験だけを継続していれば？

たとえ実際の、酵素発見、酵素精製の研究競争に負けたとしても、スペクターとラッカーの名前は生化学史上の偉大な天才として残ったはずなのだ。なぜなら、彼らは正しかったから。彼らの描いた星座は、そのとき皆が見たいと渇望した星座そのものだったという意味において。

＊

北斗七星は、しかしながら、視力が、ある程度悪い人にだけ見える星座である。もう少しだけ解像力のよい眼をもつ人が見れば、北斗七星の、柄の真ん中の星はひとつではなく、二つの星であることが見える。ミザールとアルコル。

そしてさらにもっと眼のよい人が見れば？　イームズたちが表現したように、パワーズ・オブ・テン（10のn乗）のベキ数を上げて、夜空をより広く、より明るく見渡したとすれば。意外なことに、北斗七星は徐々にその形を溶かしていく。いままで見えていなかった、北斗七星のまわりの星々がひとつ、またひとつと輝きを増して見えてくると、ひしゃくの形は、あふれ来る光の洪水の中に埋もれて、もはや形をなさない。

そもそも七つの星は、同じ平面上にあったものでもなんでもない。宇宙に散らばる、全く異なった遠さの星々を、ほどほどの視力をもつ私たち人間が、天空を仰いで勝手につないで見た、文字通りの空目でしかない。

リン酸化カスケードという名の星座も現在、全く同じ帰趨をたどっている。たしかにMAPをめぐるキナーゼのカスケードは——スペクターのカスケードとは違って——実在している。それぞれのキナーゼタンパク質も分子として精製され、遺伝子までもが解明された。

しかし、やがてまわりの星たちの明度が増すにつれて、当初そこにくっきりと存在するかに思えた、点と点を結んで描かれた星座は、徐々にかすんできている。カスケードの各ステップに位置するそれぞれのキナーゼは単一の存在ではなく、複数のファミリーからなっていることがわかってきた。星はひとつではなかったのだ。あるいはカスケードは、単純な線形性の図式でもなかった。複数のカスケードはその途中で交差し、カスケードのメンバーは、相互に促進し、あるいは抑制する。情報はあたかもクロストークするかのように交換される。あるいは一つの変化は下流に伝えられるとともに、上流に戻り、それを制御する。つまりフィードバック的なブレーキがかかる。現在までに発見されたキナーゼの総数はゆうに数百を超えている。

　Ｒａｓの働きもまた単一ではない。複数のターゲットに作用し、複数の因子から調節をうける。今、生化学の教科書の細胞内伝達経路の章をひもとくと、そこに掲げられている模式図はあまりにも複雑である。Ｒａｓからは数本の矢印が出発し、数本の矢印が集合する。矢印の先は様々に枝分かれし、蜘蛛の巣のように広がる。じっと見ているとめまいがする。

　パワーズ・オブ・テンのベキ数を上昇させていくと、先ほどまで見えていたはずの星座は徐々にかすみ、埋もれていく。しかし、にわかに輝きだした光の洪水の中に、私たちはきっと新しい形の星座を見つけるに違いない。なぜなら私たちはいつも星座を探しているのだから。

　パワーズ・オブ・テンのベキ数を下降させていくと、生命現象の原因と結果をつないでいたはずのカスケードは、蜘蛛の巣の迷路の中に溶け込んでいく。しかし、新たに見出された細い糸と結び目を辿って、私たちは必ず新しい経路にたどりつくだろう。なぜなら私たちはつねに道を拓こうとするマップラバーだから。

＊

レースのカーテンが綾なして、ほんの瞬間作り出した何かを渦巻き文様と見なし、それをとどめたいと私は願った。渦巻き文様は、動的な偶然が、ある一瞬作り出した、あやうい平衡である。それは本来的に、動的なものであり、そこに立ち止まることも、二度と同じことが起こることもない。

これから一億年後、誰かが北の空を見上げたなら、そこにはいくら探してももはや北斗七星はない。それに対向する優美なカシオペア座もない。まわりの星たちの明度が変化したからではない。平衡が変化したからである。時間の関数としての。星たちはそれぞれの運行法則にしたがって徐々にその軌道を変え、あるいはことによると燃え尽きているかもしれない。しかし、同じことは明日、私たちが北の空を見上げても言いうることなのだ。明日の空は、今夜の空と同じではない。そこには新しい均衡がなりたっている。くるくると変わる私たちの浅知恵に比べ、星たちの運行が優しいまでに緩慢であるがゆえに、私たちはただ安逸でいられるに過ぎない。

動き続けている現象を見極めること。それは私たちが最も苦手とするものである。だから人間はいつも時間を止めようとする。止めてから世界を腑分けしようとする。ＳＦ漫画のヒーロー、スーパージェッターがいつも腕時計のようにはめていたタイム・ストッパー。龍頭（りゅうず）を押すと時間が止まる。すべての人間はあたかも瞬間凍結されたかのように動きが固まった。とてもずるいことに、その間、スーパージェッターだけは自由に動き回れる。敵をやっつけ、事件解決の鍵を探し出す。そういう万能装置だった。

それは全く絵空事ではない。私たちはすでにたくさんのタイム・ストッパーを手に入れている。顕微鏡。試験管（インビトロ）。写真。マップラバーたちの地図。数学者たちが作り出した微分。そして私たちの脳。あるいは認識そのもの。治すすべのない病。

時間が止まっている時、そこに見えるのはなんだろうか。そこに見えるのは、本来、動的であったものが、あたかも静的なものであるかのようにフリーズされた、無惨な姿である。それはある種の幻でもある。私たち生物学者はずっと生命現象をそのような操作によって見極めようとしてきた。それしか対象を解析するすべがなかったからである。

構成要素が、絶え間なく消長、交換、変化を遂げているはずのもの。それを止め、脱水し、かわりにパラフィンを充填し、薄く切って、顕微鏡でのぞく。そのとき見えるものはなんだろうか。そこに見えるものは、本来、危ういバランスを保ちながら、一時もとどまることのないふるまい、つまり、かつて動的な平衡にあったものの影である。それはみごとなまでに精密な機械に見える。一瞬だけ網膜に映った幾何学的な渦巻き文様のように。

機械、すなわちメカニズムの中では、個々のパーツはそれぞれ固有の役割を有する。物質と機能は一対一で対応している。そしてAはBに作用をなし、BはCに作用をなすように見える。一連の因果関係が、線形なカスケードを構成しているように見える。

しかし実は、それは単に、そのように見える、ということにすぎない。タイム・ストッパーの効力を解き、あるいは動画の一時停止を解除すると、対象はたちまち動きを取り戻す。そして次の一瞬には、それぞれのパーツは、先ほどとは全く異なった関係性の中に散らばり、そこで新たな相互作用を生み出す。そこでは個々のパーツは新たな文脈の中に置かれ、新たな役割を負荷される。物質と機能の対応は先ほどの一瞬とは異なったものとなり、関係性も変化する。つまり因果の順番が入れかわる。

しかし今、顕微鏡下で時間の止まった細胞を観察している生物学者の眼は、その一瞬前も、その一瞬あとも全く見ることができない。絵は空間的にも、時間的にも切り取られる。そのとき私は、生命の動的平衡を見失い、生命は機械じかけだと信じる。

この世界のあらゆる要素は、互いに連関し、すべてが一対多の関係でつながりあっている。つまり世界に部分はない。部分と呼び、部分として切り出せるものもない。そこには輪郭線もボーダーも存在しない。

そして、この世界のあらゆる因子は、互いに他を律し、あるいは相補している。物質・

エネルギー・情報をやりとりしている。そのやりとりには、ある瞬間だけを捉えてみると、供し手と受け手があるように見える。しかしその微分を解き、次の瞬間を見ると、原因と結果は逆転している。あるいは、また別の平衡を求めて動いている。つまり、この世界には、ほんとうの意味で因果関係と呼ぶべきものもまた存在しない。

世界は分けないことにはわからない。しかし、世界は分けてもわからないのである。

＊

ごく最近、私たちの研究室はようやく、キノリン酸ホスホリボシルトランスフェラーゼの遺伝子を解明し、その遺伝子の働きを人為的に停止させた実験マウス、すなわち遺伝子ノックアウトマウスを作成することができた。このマウスは、トリプトファンの代謝産物で、強力な神経毒であるキノリン酸を解毒することができない。マウスは通常の餌を食べている限りは正常に見える。問題は、トリプトファンの含有量が高い餌を与えた場合、いかなる変化がもたらされるかである。はたして脳細胞は死滅を始め、重大な神経症状が現れるだろうか。あるいは何事も一切起こらないだろうか。現在、実験は進行中である。私たちは、新たな星座を描こうとしているのだろうか。それとも、単に、動的平衡が体現する限りない可変性と柔軟性を、再び確かめようとしているだけなのだろうか。分けてもわからないと知りつつ、今日もなお私は世界を分けようとしている。それは世界を認識することの契機がその往還にしかないからである。

初出　『本』二〇〇八年六月号〜二〇〇九年七月号
作図協力　阿部雄介

N.D.C.460 278p 18cm
ISBN978-4-06-288000-8

講談社現代新書　2000

世界は分けてもわからない

二〇〇九年七月二〇日第一刷発行　二〇二三年五月一五日第一〇刷発行

著者　福岡伸一

発行者　鈴木章一
発行所　株式会社講談社
東京都文京区音羽二丁目一二―二一　郵便番号一一二―八〇〇一
電話　〇三―五三九五―三五二一　編集（現代新書）
〇三―五三九五―四四一五　販売
〇三―五三九五―三六一五　業務
装幀者　中島英樹
印刷所　凸版印刷株式会社
製本所　株式会社国宝社
本文データ制作　DNPメディア・アート
定価はカバーに表示してあります　Printed in Japan

「講談社現代新書」の刊行にあたって

教養は万人が身をもって養い創造すべきものであって、一部の専門家の占有物として、ただ一方的に人々の手もとに配布され伝達されうるものではありません。

しかし、不幸にしてわが国の現状では、教養の重要な養いとなるべき書物は、ほとんど講壇からの天下りや単なる解説に終始し、知識技術を真剣に希求する青少年・学生・一般民衆の根本的な疑問や興味は、けっして十分に答えられ、解きほぐされ、手引きされることがありません。万人の内奥から発した真正の教養への芽ばえが、こうして放置され、むなしく滅びさる運命にゆだねられているのです。

このことは、中・高校だけで教育をおわる人々の成長をはばんでいるだけでなく、大学に進んだり、インテリと目されたりする人々の精神力の健康さえもむしばみ、わが国の文化の実質をまことに脆弱なものにしています。単なる博識以上の根強い思索力・判断力、および確かな技術にささえられた教養を必要とする日本の将来にとって、これは真剣に憂慮されなければならない事態であるといわなければなりません。

わたしたちの「講談社現代新書」は、この事態の克服を意図して計画されたものです。これによってわたしたちは、講壇からの天下りでもなく、単なる解説書でもない、もっぱら万人の魂に生ずる初発的かつ根本的な問題をとらえ、掘り起こし、手引きし、しかも最新の知識への展望を万人に確立させる書物を、新しく世の中に送り出したいと念願しています。

わたしたちは、創業以来民衆を対象とする啓蒙の仕事に専心してきた講談社にとって、これこそもっともふさわしい課題であり、伝統ある出版社としての義務でもあると考えているのです。

一九六四年四月　野間省一